VOYAGE

EN

TOSCANE.

VOYAGE

MINÉRALOGIQUE,

PHILOSOPHIQUE,

ET HISTORIQUE,

EN TOSCANE,

Par le Docteur Jean Targioni Tozetti.

TOME PREMIER.

A PARIS,

Chez { Lavilette, Libraire, rue du
Battoir, N°. 8.

1792.

VOYAGE

MINÉRALOGIQUE, PHILOSOPHIQUE ET HISTORIQUE,

EN TOSCANE,

Par le Docteur Jean Targioni Tozzetti, pendant l'automne de l'année 1742.

PREMIERE PARTIE,

Contenant la description des collines et des montagnes de Pise.

Voyage de Florence a Golfoline.

Samedi 29 septembre 1742, à six heures du matin, je partis de Florence et pris la route royale, communément appellée *Maestra Pisana*. Le brouillard et la pluie qui m'accompagnèrent pendant près de sept milles, m'empêchèrent d'observer le site et la nature des campagnes adjacentes.

J'arrivai bientôt au château appellé la *Lastra*, autrefois un bourg, depuis entouré de murs et fortifié par les Florentins pour

Tome I. A

défendre la route *Pisana*. Les Pisans y mirent le feu en 1363 ; et l'armée du prince d'Orange le prit d'assaut en 1529. C'est maintenant un hôpital devenu commanderie de l'ordre de Saint Étienne.

Non loin du château de *Lastra*, en m'approchant du pont de *Signa*, je découvris une campagne entre la route et le fleuve Arno, en un lieu appellé Renai. Le sol est formé de terre mêlée de limon, apporté par le fleuve Arno dans l'inondation furieuse du 3 décembre 1740. Cet événement funeste fit cependant que les semences de l'année suivante rapportèrent trente pour un. Ce qui peut servir à expliquer l'étonnante fertilité de l'Egypte, occasionnée par les débordemens du Nil.

Je traversai ensuite le bourg, appellé pont de Signa. La montagne entière de *Signa*, appellée *les collines de Signa*, renfermée entre l'*Arno*, l'*Ombrone* et le *Bizenzio*, est de première création, entièrement composée de filons inclinés d'alberese, ou pour mieux dire de pierre à chaux et de *galestro*. Sur ses côteaux, particulièrement ceux qui sont moins minés par l'eau, et qui s'étendent vers *Comeana*, séjourne toujours un grand dépôt de terre secondaire, c'est-à-dire, distribuée en lits horizontaux. La situation heureuse de *Signa* a été très-bien décrite par Bernard Ruccellai. Son Histoire Civile et Ecclésiastique nous a été donnée par le docteur Jean Lami et le savant Domenico Maria Manni.

Du pont de Signa, à deux cens pas, l'Arno poursuit son cours par un large canal, formé par la continuation du mont de *Signa* à droite et les côtes de Lastra et de Selve à gauche, toutes composées, si je ne me trompe, de filons inclinés de pierre calcaire, vulgairement appellée Alberese. C'est un nom toscan que l'on donne dans nos pays à la pierre à chaux, et dont je me servirai à l'avenir. Il fait, je crois, allusion aux petites figures d'arbres que l'on distingue communément dans cette sorte de pierre, formée par des substances piriteuses, comme je le dirai autrepart en parlant des endroits où l'on trouve beaucoup de dendrites, qui s'appellent aussi albereses, quand elles sont imprégnées de telles figures. Dans le Siennois la pierre à chaux commune s'appelle albazzano, parce que pour l'ordinaire elle est de couleur blanchâtre. Non-seulement l'alberese

est propre à devenir de la chaux ; mais il y en a d'une espece dont on fait d'assez bons matériaux pour les bâtimens. F. Agostino del Riccio au chap. 86 de son histoire manuscrite des pierres, en fait mention en ces termes : » l'alberese est une pierre à peu
» près blanchâtre. On en trouve d'assez bel-
» les masses vers la plaine de Mugnone, et
» on en fait les caisses où sont fixées les
» meules des moulins à grain : on en fait
» aussi de bonne chaux. On en a employé
» à Sainte Marie Nouvelle, dans l'église où
» l'on en voit deux longues bandes sur le
» pavé. On en voit aussi à la façade du cha-
» pitre du couvent appellé la chapelle des
» Espagnols. Le mont Murello n'est composé
» que d'alberese. De la montagne de Quer-
» ceto, sous le couvent des peres Augustins,
» on tire une alberese, qui dans la four-
» naise de *Settimelo*, se réduit en chaux
» blanche, fine et préférable à toute autre
» pour crépir les appartemens. Derriere
» *Querceto* dans la vallée de *Sommaia*, est
» située une magnifique maison de plaisance
» avec une superbe tour : elle appartient à
» M. le Marquis Ginori. Les pierres qui sont
» sculptées avec une grande perfection,

» sont d'alberese tiré des environs , au
» quinzieme siécle * ».

Le *Selve* est le nom d'une magnifique mai‑
son de campagne de M. le Duc de Salviati,
située sur une éminence entre le pont de
Signa et le port de Mezzo. C'est un nom qui
doit être connu dans l'Histoire des Lettres.
Car l'immortel Galilée passa dans cet en‑
droit une grande partie de sa jeunesse et y
fit la plûpart de ses profondes observations,
sous les auspices du savant Chevalier Phi‑
lippe Salviati, son admirateur.

*Description des souterreins de Golfoline
et observations sur la pierre Serene.*

Arrivé aux souterreins de *Golfoline*,
je voulus considérer la structure de la mon‑

* On trouve dans le Dauphiné une chaux qui a la qualité
de l'alberese. Elle se durcit même dans l'eau et devient un
excellent ciment. Un jeune Architecte de Leipsick , a employé
en 1788 , pour la réparation d'une église une composition ,
dont il a formé les plus belles colonnes, c'est-à-dire , que pour
la décoration il a revêtu des piliers d'une matiere qu'il a sculp‑
tée ensuite en colonne. On nous a assuré que son principal
ingrédient étoit une espece de chaux. Il nous semble que l'on
ne tire pas assez de parti des pierres calcaires, et que les recher‑
ches des Naturalistes seroient utilement employées à cet objet.
N. de l'Ed.

tagne. Elle est haute et escarpée , principalement vers la côte septentrionale , sur la rive de l'Arno. On y trouve de superbes carrieres de pierres , propres à la construction des édifices, et que l'on transporte sur l'Arno dans toutes les parties de la Toscane. La structure de cette montagne ressemble en tout et par-tout à celle des montagnes de *Fiesole*, et principalement à cette partie qui s'appelle mont *Ceceri*, d'où on tire les pierres pour fournir aux édifices de Florence. La grande ressemblance entre ces deux montagnes , et l'utilité dont elles sont à une grande partie de la Toscane, m'engagent à en faire une courte description ; mais le principal motif de cette digression, est qu'en traitant ici en général de la nature de ces montagnes, et des pierres qu'elles renferment, je n'abuserai plus dans la suite de la patience de mon lecteur, en répétant les mêmes choses. Car la plûpart des montagnes de la Toscane sont de la même nature que celles dont je vais parler *.

---

* Cette espece de dissertation peut devenir d'autant plus utile, que le travail des carrieres n'est pas conduit en France avec l'intelligence dont il seroit susceptible. Il n'y a ordinairement ni sûreté, ni économie ; une partie de l'Histoire Natu-

(7)

La montagne de *Golfoline* et celle de Ceceri sont formées de lits de pierres paralleles, posés l'un sur l'autre, non en plan horizontal, mais incliné. Dans la montagne de Golfoline, les filons sont du N. E. au S. E, c'est-à-dire, la partie la plus élevée est au N. E; la plus basse, celle qui tend au centre de gravité, est au S. E. Dans celle de Ceceri la partie la plus élevée est au midi, la plus basse est au septentrion. Ces lits cependant ne forment point une table de pierre, ou un plan solide, uni et contigu. Au contraire chacun d'eux est composé de diverses masses de différentes largeurs et longueurs, et presque absolument de la même hauteur ; leur forme approche d'un parallelipipede à angles aigus. Ces masses, ou cubes de pierre sont si près l'un de l'autre et leurs faces latérales se touchent si parfaitement, qu'ils s'attachent et tiennent fortement ensemble. C'est ce qui fait qu'on peut en toute sûreté creuser en dessous de vastes grottes, en levant les masses qui composent les lits inférieurs, et faisant servir un de ces lits

relle d'un usage aussi journalier , n'a pas encore trouvé d'observateurs aussi profonds que d'autres divisions de cette science inépuisable , puisqu'elle a pour objet la nature entiere.

comme de voute. Il faut toutefois laisser de distance en distance de gros piliers pour servir de supports à la voute , particuliere-ment là où elle est composée de masses plus petites, ou moins contigues. Ces lits varient singulierement par rapport à la hauteur ; car les plus hauts n'ont pas moins de quinze coudées de Florence ; et les plus bas ont à peine un pouce. Mais entre ces deux extré-mités , il y en a une infinité d'intermé-diaires. Ils varient aussi infiniment par rapport à la qualité des pierres qui les com-posent. Quoique le grain en soit gros, c'est-à-dire, qu'elles ne paroissent point avoir été dans le principe du limon : mais du sable ou de la poussiere un peu grosse , cepen-dant il y a peu de ces lits dont les pierres ressemblent en tout et par-tout à celles d'un autre. La combinaison de grosseur, le mé-lange , la contiguité, l'impression au tact , la couleur, le grain produisent des différen-ces frappantes pour le naturaliste. En archi-tecture on fait rarement attention à ces dif-férences , qui ne changent que très-peu le prix des pierres. Cependant les pierres dont le grain est gros et sabloneux , mêlé de peu de terre , s'appellent communément , pierres brutes et sont préférables pour les bâtimens exposés aux injures de l'air ; mais celles dont le grain plus fin ressemble à la poussiere, s'appellent pierres fines et sont bonnes pour les endroits couverts. Quant à la dureté, on appelle *fortes*, celles qui sont les plus dures ; je ne sais pas si à Golfoline il y a encore de ces pierres fortes ; mais à Fiesole on en voit de vastes carrieres, principalement entre *Saint Francesco* et *Fontelucente* et même au moulin de Màiano, où il y en a d'une grandeur énorme ; mais elles sont réservées pour les édifices publics, et on ne peut en tirer sans la permission expresse du gouvernement. Ces pierres *fortes* servent à faire des corniches d'un travail parfait, et sont susceptibles d'une sorte de poli, comme le prouvent celles de la magnifique bibliothéque de Saint Lorénzo, qui peuvent le disputer au marbre le plus rare. D'autres moins belles ont été employées pour l'église de *Saint Laurent* et celle du *Saint Esprit*, dans la chapelle des *Saints Gaddi*, dans *Sainte Marie Nouvelle*, et dans les galeries d'*Ofizii* et *du Marché Neuf*.

Les dénominations par lesquelles les architectes distinguent les pierres de Golfoline et de Fiesole , sont pierre *serene* et pierre *grise*, et comprennent, sous ces deux mots, la brute et la fine , la forte et la tendre. Ce qui les distingue , c'est la couleur : l'une est bleuâtre et l'autre est couleur de terre. En général la *grise* est plus dure, et résiste mieux aux injures de l'air que la *serene*. Néan-moins on trouve de la *serene* forte et brute qui y résiste parfaitement bien. Si tous les architectes faisoient un choix judicieux et raisonné des pierres , en considération du lieu où ils les emploient, on ne verroit pas, comme il arrive tous les jours, les plus beaux édifices, soit publics, soit particuliers, se dé-tériorer et tomber en ruine. Cette différence n'existe point réellement, mais est produite seulement par l'usage qu'on fait de ces deux pierres. Car elles ne sont point d'une nature différente : elles font même partie de la même pierre. C'est un fait que j'eus l'occa-sion de vérifier au mois d'octobre 1741, en visitant les plus immenses carrieres de Fie-sole , accompagné de D. Claudio Fromond, professeur de l'Université de Pise et natura-liste infatigable. Nous remarquâmes que les masses parallelipipedes tirées entieres de la couche et divisées par le moyen de ciseaux et de coins, paroissoient vers le centre d'un bleu pâle et étoient moins dures à cet endroit. Ensuite que les contours étoient d'une couleur de tuf avec dégradations, mais plus foncée vers la superficie extérieure et successivement plus blanchâtre et plus pâle vers le centre où elle se perdoit enfin et n'offroit plus qu'une couleur de plomb. Cette superficie des masses de couleur de tuf, s'apelle pierre *grise* : et cette partie moins dure d'un bleu clair qui se trouve dans l'intérieure des mêmes masses s'appelle pierre *serene*. Il s'en trouve cependant des lits dans lesquelles la couleur du tuf est tellement prolongée vers le centre , qu'elle a , pour ainsi dire, pénétré toute la masse, et ne laisse point paroître de bleu. Ce sont celles que les sculpteurs préférent. On a remarqué que ces masses , la plûpart parallelipipedes , ne sont jamais (à l'exception d'un petit nombre) parfaitement contigues l'une à l'autre, quand elles sont dans leur lit ; mais qu'elles sont plus ou moins écartées. L'intervalle est rempli d'un filon de bol, c'est-à-dire, d'une terre glutineuse qui s'attache aux levres , se fond dans la bouche comme du beurre et ne diffère que par la couleur, du bol connu dans l'épicerie sous le nom dé bol d'*Armenie*.

Celui de Fiesole et de Golfoline n'est pas d'un si beau rouge, mais plus pâle et tirant sur la couleur de chair avec dégradations. Il n'est pas inutile de dire en passant que le bol d'Armenie dont les doreurs font un grand usage, nous est apporté de l'isle d'Elbe et d'autres endroits : on pourroit cependant s'en procurer de plus parfait dans les environs de Florence, c'est-à-dire, dans les souterreins de *Lastra*, ou plutôt de *Macigni*, de *Boboli*, de *Nannuccio* et de *Montici*, où il s'en trouve une quantité infinie entre les masses.

Je ne m'arrêterai point à examiner si le bol, qui dans l'origine est une espece de *croco de marte*, et qui couvre les masses des pierres de Fiesole et de Golfoline ; s'il peut, dis-je, avoir contribué à durcir et donner la couleur du tuf à la partie extérieure de ces masses ; et s'il peut avoir fait la même chose aux masses de Macigno, qui environnées de bol rouge, sont aussi teintes à la circonférence d'un bleu céleste et vers le centre d'une couleur claire. Je remarquerai seulement que ces amas de bol entre les masses de pierre *serene*, ne leur permettent point de s'unir, et de former une seule et même couche. C'est pour cette raison que dans les souterreins

de *Fiesole* qui ont des grottes , il faut avoir
le soin de laisser des piliers pour soutenir
la voute. On s'y prend autrement pour les
souterreins de Golfoline , c'est-à-dire , on
travaille ordinairement à découvert, à cause
de la pente rapide de la montagne. On en
fait écrouler une partie, ce qui réussit aisément, en creusant dans la partie la plus
basse : ensuite on met le feu aux poteaux
et supports de bois , et alors un pan de la
montagne s'écroule infailliblement. On observe que les masses de Golfolina sont
communément moins petites et moins contigues l'une à l'autre que celles des Fiesole,
parce qu'elles sont séparées par des amas
plus grossiers de bol. Les coupures de ces
éboulemens et les précipices des souterreins
de Golfoline, sont presque perpendiculaires,
et ont la teinte du tuf des collines de Pise ,
que je décrirai plus bas.

Lorsque les sculpteurs ont besoin de fendre les masses avec des ciseaux et des coins,
ils ont soin de verser de l'eau dans la
fente où ils les enfoncent. Les uns disent
que c'est seulement pour faciliter l'opéra-
tion : d'autres prétendent que cette précaution est nécessaire pour détruire une

poussiere très - fine qui , en s'élevant, atta-
queroit leurs poumons.

Les masses tant de *Fiesole* , que de Golfoline , ne sont point composées d'une seule
et même matiere similaire ; elles renferment
même intérieurement des corps hétérogenes.
Ce qui justifie pleinement ce qu'a dit le Césalpin. » On découvre aussi des corps étran-
» gers dans la concrétion des pierres qui ,
» en se pétrifiant ensemble , forment des
» inégalités , tantôt du sable , tantôt des
» cailloux de différens genres ; quelquefois
» des parties de plantes et d'animaux. » On
voit dans l'intérieur de la pierre serene de
certaines petites écailles minces brillantes ,
des especes de paillettes , selon l'expression
de l'illustre Linnée , *de talc argentin* , des
fragmens de pierres d'autre nature , parmi
lesquelles j'ai remarqué de petits morceaux
de pierre à feu semblable à la noire dont
on se sert communément, et qu'on apporte
d'Angleterre ; des écailles d'une certaine
pierre semblable à l'ardoise, des boullettes
de la même pierre et d'autres plus dures ,
que les scuplteurs appellent des nœuds ; et
une infinité de morceaux de charbon fossile.
Dans un souterrein de Golfoline , qui se

trouve sur la route, j'ai rencontré un bloc de charbon fossile noir large de trois pouces, long d'un pied et haut de deux lignes , tenant fortement à une masse de pierre serene, Je le pris pour le placer dans mon cabinet où je conserve encore d'autres petits morceaux de charbon fossile , que je ramassai jadis sur les bords de l'Arno , quand j'allois étudier à Pise. Je les ai appellés charbon fossile , parce qu'ils répondent en tout et par-tout aux marques caractéristiques du charbon fossile, Ils rendent comme lui une odeur fétide quand on les brûle , et donnent également une cendre jaunâtre.

Un petit nombre de ces masses sont composées de pierre serene, sans cependant avoir la teinte du tuf , car il y en a qui ne sont point couvertes de bol , quelques - unes ont certaines croutes qui tiennent fortement à leur superficie. C'est une matiere blanche vulgairement appellée *tarse* , de la nature du spaht , ou selenite, qui se divise en lames fines et est composée de parties brillantes presque cubiques, qui s'élevent et forment un angle sur la base , ou croute où ils sont fixés. Il y en a qui ont ce *tarse*, non-seulement à la superficie , mais même en dedans, et qui forment une ligne presque droite. On distingue bien aisément quand ce sont des pierres applanies, parce qu'on y voit de certaines lignes blanches comme au marbre, que les sculpteurs appellent soudures, et semblent avoir été des fentes, ou crevasses, qui se sont couvertes de tarse, et dont les cristallisations, d'un côté, se réunissant avec celles de l'autre, ont formé de la sorte une seule lame. Ces soudures de *tarse*, comme les appellent les sculpteurs, sont très-fréquentes dans d'autres sortes de pierres et particulierement dans la pierre forte, ou macigno, et dans l'alberese, ou pierre à chaux ; mais dans la pierre serene de Fiesole, elles se trouvent plus rarement que dans celle de Golfoline. Je me suis servi ici du mot *tarse*, parce qu'il est usité parmi les sculpteurs. Le Prêtre Antonio Neri appelle aussi *tarse* un des ingrédients du verre, qui est cependant une pétrification bien différente du tarse de la pierre serene. C'est pourquoi il est à propos de donner une explication plus claire et de supprimer l'équivoque. La cristallisation que j'ai appellée tarse, en parlant de la pierre serene et des autres pierres tendres comme fortes, alberese

et

et gabbri est vraiment du spath et même porte ce nom. Ce spath dans la pierre serene et dans quelques pierres tendres forme ses cristallisations cubes hexagues, comme en celles du sucre, et a été placé par M. Linné dans l'article *de muria lapidea phosphorans.* Dans quelques albereses, dans les gabbri et dans quelques pierres fortes, il produit des cristallisations piramidales à quatre faces, par une desquelles ils sont attachés à leur matrice. Enfin dans quelques especes d'alberese et de pierres fortes, il donne des cristallisations en forme de demi-lentilles, comme celles du tartre. La premiere espece de spath à cristallisations cubiques, est de la nature du fameux cristal d'Islande, qui double les objets, et ressemble au bezoar minéral, sur lequel Francesco Giraldini a composé un petit ouvrage *in-*4°., imprimé à Florence en 1626. La pierre bezoar minérale de Giraldini, est de la dureté du marbre, blanche et transparente. Rompue en petits morceaux, elle conserve presque toujours une figure rhomboïdale, et ces morceaux jettés sur des charbons allumés, donnent une petite flamme comme le soufre. Il y a des cailloux de la dureté du marbre et de l'albâtre, qui sont transparents en dedans. On

en trouve à *Mugnone* , sous la ville de Fiesole. Le Grand Peireisc a trouvé aussi en
Provence le spath avec des cristallisations de
figure rhomboidale , qui se subdivisoient en
d'autres solides semblables et rhomboidales.
Le Tarso du Prêtre Neri, et celui du verre
n'est autre chose que du quartz, c'est-à-dire,
la matrice du cristal de montagne , et se
trouve dans les pierres mortes, *dans les pier-*
res dures, &c.

Parmi les filons de pierre *serene* de ces
montagnes , sont mêlés des filons d'autres
pierres. Il y en a de très-petits d'une certaine pierre couleur de plomb , mais d'un
grain très-fin avec une infinité de brillants,
ou plutôt de mica de talc. On en faisoit
autrefois les architraves des grandes chemi-
nées que l'on construisoit dans les salles ,
et qui étoient sculptées avec beaucoup de
perfection et de délicatesse. On en peut encore voir dans plusieurs palais , et particulierement une exécutée par Donatello dans
celui du Chevalier de Turco Rosselli , dans
le bourg de *Saint Apostolo*.

Il y a une autre espece de cette pierre
moins dure et qui se divise en tablettes minces , presque comme l'ardoise , mais qui
est seche, et qui ne résiste point comme celle

de Genoverato. On l'appelle tramezzuolo.

Il y a aussi des filons de roche cornée , ainsi appellée , parce qu'elle est plus dure , remplie d'inégalités et qu'elle se détache et par conséquent ne peut point servir. Il y en a encore d'autres de *Mortaione* , pierre d'un grain plus fin que la *serene* , mais plus dure, et qui se dissout bientôt, si elle reste exposée à l'air.

Les sculpteurs appellent pierre cerro la partie supérieure , ou croute de la pierre grise , quand elle est plus dure que de coutume , écailleuse et abondante en matiere ferrugineuse.

A Fiesole , vers la partie septentrionale , sous la tour de Scossi , qui est sur les côtes de Monteccioli, et en face du canal de Montemagherini, il y a des filons d'une certaine brique composée de petites pierres écornées , semblables au gravier, de différentes couleurs, mais toutes approchant du verd foncé , amalgamées avec une pâte pierreuse de couleur noirâtre, ou verd foncé qui surpasse en dureté la pierre *forte* , et ayant quelques veines de tarse blanc. On en peut tirer de grands blocs et les employer avec succès, comme on le voit aux fonts baptismaux autrefois dans l'église de Saint Alexandre à Fiesole , et transportés dernierement dans la cathédrale. -

La pierre serene quand on la brûle , devient rouge et s'éclate en durcissant au feu des fours à chaux ordinaires , elle ne se calcine pas , ne se vitrifie point ; mais elle devient farineuse et rouge comme les briques. Les côtés de ses masses qui ont été quelque temps exposés aux injures de l'air , soit dans le lieu de leur formation , soit dans les bâtimens , se décomposent et se détachent par petits éclats suivant la différence du grain ; mais la grise ne se décompose pas si promptement.

L'eau de pluie qui s'introduit par les interstices des filons et des masses, et coule goutte à goutte par les jointures des voutes des souterreins et des grottes , est très-limpide et bonne à boire. Elle ne porte avec elle aucun mélange de tartre : peut-être parce qu'elle ne peut détacher de cette sorte de pierre aucune particule de matière semblable au plâtre , comme elle fait de l'alberese et du travertino. J'ai cependant remarqué dans la voute d'une cave de Fiesole quelque trace de stalactite qui vraisemblablement provenoit de quelque croute intérieure de spath.

Il en est de la perpétuelle régénération de ces pierres , comme de celles des mines de fer dans l'Elbe , régénération que Strabon s'est permis d'avancer. C'est une de ces suppositions sur lesquelles porte le systême de la végétation des pierres adopté par le célèbre *Giorgio Baglivi* , qui prétend avoir fait des observations sur ce sujet dans les campagnes de Florence et peut-être même sur les montagnes que je décris ici. Néanmoins ce fait est, non-seulement , peu certain , mais même absolument faux ; car les pierres de Fiesole ne végétent nullement , et ne se reproduisent jamais dans les souterreins , ni dans aucun endroit de cette montagne. Au contraire elles diminuent plutôt et se détruisent insensiblement. *Boccace* s'est trompé lorsqu'il a calculé la grande quantité de pierres qu'on en avoit tirées jusqu'à l'époque où il vivoit , sans réfléchir que cette quantité immense ramassée et jointe ensemble, comme elles le sont dans les filons originaires, n'auroit occupé que très-peu de place. Il s'en faut de beaucoup que les pierres de Fiesole augmentent continuellement de masse , au contraire , elles vont toujours en diminuant. La raison en est que leur superficie étant exposée aux injures de l'air, devient tendre , s'exfolie et est emportée journellement par la pluie. C'est ce qui fait que la montagne diminue et s'abbaisse insensiblement. C'est la remarque de Cesalpin qui a dit : les montagnes à pierre se minent peu à peu par la chaleur , par la pluie et se réduisent en terre.

Il faut remarquer en passant que *Martino, Gotthelf Loeschero* entr'autres , prouve qu'il n'existe point de végétation dans les pierres. *Dissertatio physica de lapidum concretione et acretione , Vitembergae 1715.* Ouvrage qui a été défendu par Samuel Fred. Bucher.

Le mont Artimino tire son nom d'un château considérable , qui y étoit bâti et dont il est fait mention dans une patente d'Othon III , publiée par le célébre Muratori ; mais il fut enlevé aux Pistoiens par les Florentins , et détruit en 1325. Cependant en 1328 les Prieurs de *Liberta* sommerent *Benedetto de Simone* Camerlingue d'*Artimino,* de faire reconstruire les creneaux des murs de ce château.

Il est vraisemblable que cé lieu a été habité, même à l'époque de la belle antiquité.
Car j'ai ouï dire à des témoins oculaires,
qu'en labourant un peu au dessous de la
maison Royale, on avoit trouvé divers antiques, entr'autres un superbe groupe de
bronze représentant un taureau furieux,
retenu par deux jeunes gens. On peut voir
encore ce morceau dans une salle de la maison Royale d'Artimino, qui fut achevée le
16 décembre 1596.

Un prétendu trésor fut trouvé en 1752
par des paysans occupés à défricher un
champ appellé le *Cozzone*, du district de
Casino, dépendant de la ferme Royale d'*Artimino*; mais dans le fait ce n'étoit autre
chose qu'un grand vase de terre rouge cuite,
en forme de jatte, bien travaillé et cannelé
avec un grand couvercle; dans cette jatte
étoit un petit vase de cuivre assez fin, autant que je l'ai pu voir par les fragmens
amollis par la rouille et le verd de gris,
avec un couvercle en forme de pot. Dans
ce vase de cuivre étoient renfermées les cendres d'un mort avec quelques ossemens cal-
cinés par le feu, qui avoient pris une teinte
verte provenant du métal. On trouva dans

les cendres un petit morceau d'or : ce qui donna lieu à la fable du trésor ; c'étoit une lame très-fine, qui suivant moi, étant mêlée de plomb, de bois et de cire, ne pouvoit avoir été qu'une épingle, un anneau, ou quelqu'autre ornement du cadavre brûlé. Au tour du vase de cuivre renfermant les cendres, il y avoit au dedans de la jatte divers petits vases et fioles de terre cuite assez fine et quelques-uns couverts d'un vernis noir, semblables à ceux que je décrirai en parlant des *Fomarance*, comme on le distingue par les morceaux que je conserve dans mon cabinet. Car les paysans mirent tout en piéces dans l'empressement où ils étoient de jouir de leur trésor, qui cependant ne leur fut d'aucun avantage.

VOYAGE DE GOLFOLINE A AMBROGIANA.

EN continuant ma route, je m'apperçus que depuis le détroit de la pierre de Golfoline, comme l'appelle Villani, jusqu'à Saint Miniatello, village éloigné de près d'un mille de Montelupo, l'Arno se jettoit dans un grand fossé tortueux sur les bords duquel on voit à gauche la continuation du mont de Golfoline , ou de celui de Malmantile , à droite de celui d'Artimino , et le pied de celui de Montalbano et de Saint Allucio, ou Saint Lucio renfermés dans le *Barco*. *Barco* est un nom corrompu qui vient de *Parco* , c'est-à-dire bois enclos de murs, pour y garder des bêtes fauves.

Dans l'enceinte de la paroisse de Saint Michel de Luciano , église très-ancienne , située sur les côtes septentrionales de la montagne de Montelupo , et si vantée dans les ouvrages de MM. Gori, Lami et Manni, à cause de la colonne Milliaire, que je me propose de décrire en parlant des routes militaires des anciens. Sous la superbe maison de campagne appellée aussi Luciano, et appartenant à son Eminence Monseigneur le Prieur Gaetano Antinori, on creusoit un puits pour le service d'un jardin. Tout en creusant, les ouvriers s'apperçurent qu'ils avoient justement rencontré un endroit où existoit quelques siecles auparavant un puits muré de pierres taillées au cizeau , de grandeur et d'une profondeur non communes, mais rempli et couvert par les sédiments de l'Arno, fleuve voisin. Ce qu'il y a de plus curieux, c'est qu'en vuidant cet enfoncement, on y trouva une infinité de vases antiques faits au moule en terre cuite , partie noire , partie blanchâtre et quelques-uns en vernis ou noir , ou couleur de chair , mais sans peinture. Leur forme est très-variée et ne peut se décrire sans en donner la figure , ou le modele en cuivre. La plus grande partie cependant , est du genre de ces vases que l'on appelle *Urcei* avec une seule anse bien faite ; ils ressemblent assez aux aiguieres modernes et n'ont point du tout la marque du moule. Il est difficile de comprendre comment un si grand nombre de ces vases antiques est demeuré enseveli dans ce puits. Ce ne peut être en puisant de l'eau , car se ne sont point des seaux : leur forme même ne les rend pas propres à cet usage. Ce sont moins encore des rebuts de quelque ancienne fabrique , parce qu'ils sont presque tous entiers et bien conservés. Qui sait si ce puits n'étoit point sacré dans le temps du paganisme , et si les peuples voisins , ou même ceux qui passoient par la route Militaire qui est contigue , n'y jettoient point de pareils vases avec quelque liqueur pour offrande , ou sacrifice aux fausses divinités.

Dans le territoire de Saint Miniato , de

Samminiatello dans un puits exposé au couchant et principalement dans une terre appellée Chiusura appartenant à MM. Antinori, il y a une source d'eau chaude, mais
très-limpide, sans aucun goût, et qui à peine
blanchit lorsqu'on la mêle avec des eaux dis-
tillées dans du plomb, ou avec de l'huile de
tartre. M. le Prieur Gætano Antinori me fit
présent de deux flacons remplis de cette eau.
Après les avoir conservés bien pleins pendant six mois, je m'apperçus qu'à l'un d'eux
le parchemin qui le bouchoit étoit rongé,
et que tant à la superficie de l'eau, qu'au
fond du vase, il s'étoit formé une croute
de matiere transparente et très-fine semblable au sucre candy, avec de très - petits
crystaux placés comme des étoiles. En la cro-
quant elle resiste sous la dent et paroît être
une substance pierreuse ; mais elle ne laisse
aucun goût sur la langue. Seroit-ce quelque
espece de nitre connu des anciens ? Cette
eau a été reconnue salutaire pour les obstructions d'entrailles occasionnées par l'air de
Maremma. Elle est bonne aussi pour les
bains dans les maladies cutanées pour les
hommes; mais principalement pour les bestiaux qui reviennent de Maremma.

OBSERVATIONS FAITES A AMBROGIANA.

Dimanche 30 septembre dans la maison Royale d'Ambrogiana , je remarquai parmi les effets les plus précieux , une infinité de tableaux représentant au naturel des milliers d'animaux des plus rares especes , volatiles et quadrupedes. Il y a entr'autres deux monstres, l'un une génisse, l'autre une brebis , ayant chacune deux têtes. On a marqué le lieu et le temps où elles sont nées et le temps qu'elles ont vécu. Outre les animaux, on y voit représentés des fruits d'une grosseur démesurée et extraordinaire ; tous ces tableaux faits en l'honneur de la glorieuse mémoire du grand Duc Cosme III, forment une collection d'Histoire Naturelle infiniment précieuse , d'autant qu'ils sont l'ouvrage du fameux André Scacciati et de Pierre Neri son fils et successeur dans la charge de directeur des ouvrages au cabinet des pierres de la galerie Royale. Il y en a aussi de la main du célébre peintre fleuriste Barthelemi de Niccolo del Bimbo , ou Bimbi de Settignano. Les animaux y sont représentés avec tant d'exactitude et de perfection, qu'ils semblent être vivans.

RÉFLEXIONS SUR LA STRUCTURE ET LA FORME DES COLLINES ET DES MONTAGNES DE LA TOSCANE.

LES montagnes de la Toscane sont composées de filons placés les uns sur les autres, ce qu'elles ont de commun avec toutes les autres montagnes du globe terraqueux, comme on en peut voir les preuves dans le grand Traité du Danube du Comte Louis Ferdinand Marsili.

Entre les montagnes et les plaines, il faut admettre une espace intermédiaire de terrein d'une autre nature, et que je désignerai par le nom de collines. Ces collines sont de petites montagnes composées de lits de sable et de craie, et vers la cime de cailloux enfoncés dans le sable et dans la craie. Ces deux substances sont détachées et friables, ou liées ensemble par quelque dégré de pétrification et renferment intérieurement une quantité infinie de coquillages.

Les différences les plus frappantes que l'on puisse assigner entre les montagnes et les collines, sont au nombre de trois. La premiere est que les collines quelque élevées qu'elles soient au dessus de la plaine, ne parviennent jamais à égaler de leur sommet, celui des montagnes mêmes les plus ordinaires, qui font toujours distinguer leurs cimes élevées au dessus des collines, et néanmoins celles-ci ont quelquefois une hauteur assez considérable. La seconde différence est que les sommets les plus élevés des différentes branches des montagnes, sont de différente hauteur : et qu'au contraire ceux des collines les plus hautes sont tous du même niveau, comme on peut s'en convaincre par l'inspection, mieux que par aucun raisonnement ; car en se plaçant sur le sommet de l'une de ces collines, tous les autres s'offrent sur la même ligne et présentent à la vue l'image d'une vaste plaine environnée par les montagnes. En troisiéme lieu, les filons de pierre, ou de terre qui composent les montagnes, sont tous un peu inclinés et le petit nombre de ceux qui paroissent horizontaux n'a besoin que d'être examiné avec plus d'attention, pour être rangé avec les autres dans la classe commune. Les couches dont les collines sont composées, sont toujours presque horizontales et paralleles à la plaine. Elles se distinguent facilement par la différence des substances dont elles sont formées ; ou si elles sont des substances homogenes, elles se distinguent par une certaine raie, ou ligne, que l'on apperçoit sans interruption entre l'une et l'autre et qui en marque les bords. Enfin la qualité des substances des couches des collines, peut servir à assigner la quatriéme différence. Car quoiqu'on puisse rencontrer quelque montagne composée des seuls filons de craie, ou de sable, il y aura toujours quelque variété sensible soit dans la configuration des mottes de craie qui composent les filons, soit dans leurs grains, ou leur mélange. Pline appelle élégamment *coria terrae* les couches, ou planches que l'on rencontre en creusant un puits. Je tâcherai de me servir constamment du mot *filon*, pour désigner les planches, ou tables des pierres et des terres dont les montagnes sont composées, et du mot *couche*, pour celles qui composent l'amas horizontal des collines.

Les bornes de ces collines sont d'un côté les Alpes, de l'autre le bord de la mer. Elles sont divisées en chaînes tortueuses de monts plus ou moins hauts, plus ou moins escarpés, au travers desquels se frayent un chemin , les torrents et les fleuves qui les minent continuellement et en font diminuer la masse , emportant et traînant avec eux un amas de bourbe considérable , qui produit bientôt des digues immenses. Les cimes les plus élevées de ces collines sont celles qui s'approchent le plus des montagnes ; comme les plus basses et les pentes les plus inclinées et qui prennent insensiblement le niveau de la plaine , sont celles qui sont le plus près de la mer et des fleuves.

Pour donner une idée générale de l'origine de ces collines de la basse Toscane, qui ont été le but principal de mon voyage; il est nécessaire de représenter au lecteur, ce que pendant l'espace d'un grand nombre de jours , j'ai cru avoir lieu de conjecturer. Elles paroissent n'avoir fait dans les temps reculés qu'une seule et même plaine toutes ensemble ; laquelle plaine semble avoir été formée par une infinité de dépôts et d'accumulations horizontales , apportés par je ne sais quelles eaux troubles , qui ont abandonné et déposé dans les concavités formées par les ruines et les précipices des montagnes , ces substances détachées de ces

montagnes ,

montagnes , ou d'autres semblables , comme un fleuve qui seroit obligé pendant plusieurs siécles d'arrêter sa course , et de séjourner dans une vallée environnée de montagnes impénétrables , qui s'opposeroient à son cours. La coupe , ou superficie la plus haute de cette plaine , semble avoir été autrefois de niveau avec les plus hautes cimes des collines. Quant à la cause de la métamorphose de ces plaines en hauteurs et en précipices , je crois qu'on peut l'attribuer à l'abaissement considérable de la superficie de la mer , qui peut avoir eu lieu à quelque époque qui ne nous est point parvenue, de maniere que ces plaines sont restées élevées de plusieurs toises au dessus de la mer , et sont en conséquence autant de croupes de montagnes. Dans cette supposition, les eaux de pluie qui en tombant sur ces plaines élevées , se sont frayées un chemin pour se précipiter dans la mer , peuvent dans l'espace de plusieurs siécles, avoir miné ce terrein et l'avoir réduit à l'état où nous le voyons maintenant. Si on faisoit une ouverture dans cette chaîne de montagnes que nous avons ci-devant regardées comme une digue qui faisoit du fleuve un marais, et J'obligeoit de déposer la bourbe qu'il contenoit; il arriveroit delà qu'il se déchargeroit dorénavant dans la plaine au dessus de laquelle il étoit arrêté , en s'échappant par cette ouverture. Et chacun comprend qu'il détruiroit bientôt son propre lit, jusqu'à ce qu'il l'eût réduit au niveau de la plaine et que les amas horizontaux formés par son propre limon lorsqu'il étoit emprisonné par les montagnes , seroient bientôt minés par lui-même et par les torrents que les eaux du ciel y formeroient. En peu de mots l'accumulation plane , formée d'abord par le fleuve et de la même nature que le terrein créé par le Nil en Egypte , deviendroit bientôt semblable aux collines de Volterra.

C'est là justement le systême du célébre Nicolo Stenone sur la formation des collines, dont il a publié les Théoremes généraux dans le Podromo à la dissertation *de solido intrà solidum naturaliter contento.* D'après mes observations réitérées , j'ai reconnu que le Stenone a très-bien observé, et que ses Théoremes qui sont en petit nombre sont exacts et ingénieux. De temps en temps j'en donnerai les démonstrations.

Voyage a Empoli.

CONTINUANT ma route vers Empoli, aux environs de Pontormo, je rencontrai sur le bord, des filons de gravier semblable à celui des rivieres, et je remarquai que dans quelques-uns d'eux le gravier étoit enfoncé dans une matiere mêlée de terre et de tartre amalgamés ensemble, par une espece de glu pierreuse et très - forte, et qui forme une sorte de ciment. On rencontre fréquemment dans les collines de ces filons de ciment naturel, comme je le ferai voir quand il en sera temps.

Il faut observer que les bras des collines qui se trouvent entre l'Arno et l'Elsa, sont la plus grande partie composés de gravier de différente grosseur et divisés par couches ; à commencer du sommet de Montelupo et passant par la Valdipesa, les montagnes de Marcialla, Lucardo, &c. dans les autres collines, ce gravier se rencontre moins souvent et seulement par tas.

Le gravier de la montagne de Lucardo a été indubitablement plusieurs fois inondé par les eaux de la mer; car outre les coquillages

qui s'y trouvent mêlés , on voit encore dans
une infinité de ces cailloux que l'on appelle
communément *pillore* ou *ciottoli* , les trous
qui s'y sont formés , les foladi , les dattili ,
les vermisseaux et autres insectes de mer ,
et dans la plûpart de ces trous, j'ai trouvé
les œufs de ces mêmes animaux avec des
coques et petits vers attachés à leur superficie. On peut voir de ces cailloux rongés
par des insectes de mer représentés dans le
Musœum Metallicum de l'Aldovrando, sous
le nom de *Sarcophagi differentia sive asii
lapidis*. Ceux qui ont fait mention des poissons à coquille de la Valdesa sont entr'autres
le *Mercati* dans sa *Metallotecha Vaticana*
et M. Misson dans ses voyages.

A Pontormo , il y a beaucoup de fabri-
ques de vases de terre et principalement de
marmites. La matiere premiere se tire d'un
lieu appellé les *Cerres*. Elle est d'une couleur
jaune , friable et mêlée d'un peu de sable.
M. le Marquis Carlo Ginori a fait plusieurs
expériences sur cette terre et sur d'autres
de la Toscane , dont il a fait une provision
dans sa fabrique de porcelaine à Doccia.
Son but a été de s'assurer des effets produits sur ces terres par le feu du fourneau

de réverbere , tel qu'il est nécessaire à la cuisson des porcelaines , afin de pouvoir s'en servir ensuite comme d'ingrédiens, ou pour colorer ces porcelaines. Son Excellence a bien voulu me laisser voir une longue suite de ces expériences , et m'a permis de prendre quelques notes qui pourront éclaircir l'Histoire Naturelle de la Toscane et que je marquerai en leur place.

Les changemens observés dans les terres et dans les sables quand on les éprouve sur le feu, ne sont relatifs qu'à leur consistance et à leur couleur ; et chaque changement est spécifié par dégrés imaginaires depuis un jusqu'à quatre , plus ou moins. J'ai donc observé que cette terre jaune des *Cerres* dans le territoire d'Empoli, employée dans Pontormo à faire des marmites, quand on la met sur le feu du fourneau à porcelaine bout encore d'un dégré , se vitrefie d'un dégré et devient rougeâtre. Une autre terre cou‑ leur de cendre qui se trouve aux environs du château de Pontormo et que l'on emploie à faire des plats, paroît ferrugineuse quand on l'éprouve dans l'eau forte et se dissout de deux dégrés. Dans le feu des porcelaines elles se vitréfie de deux dégrés, se condense de quatre, s'éclaircit d'un seul et prend une teinte obscure qui approche du rouge.

En arrivant à Empoli mes premiers pas furent vers l'église cathédrale de Saint André, où je m'empressai d'aller pour y observer deux pierres de marbre phengite que j'y avois vues en 1727, à mon retour de Certaldo à Florence. Mais je fus déçu dans mon attente : car dans la reconstruction de cette église, ces pierres ont été couvertes par le renfoncement du mur.

La façade de l'église achevée en 1093, comme il est attesté par une inscription qui s'y voit en caracteres Romains, est construite en marbre blanc de carrara, ou de gherardesca et de couleur verd pré, qui à cause des parties de talc terreux qu'il contient intérieurement, ne résiste point à l'air, c'est ce qui fait qu'il a été en partie détruit par les injures du tems ; comme il est arrivé à la crépissure du temple de Saint Jean à Florence, de Saint Miniato du Mont près de Florence et de l'abbaye de Fiesole, dont la structure ressemble parfaitement à cette façade de la cathédrale d'Empoli. Dans l'ordre supérieur, il y a quatre quarrés longs de marbre blanc , dont deux à côté de la fenêtre qui est dans le milieu , si je m'en souviens bien , ont certaines lignes qui font paroître la pierre un mélange de fond blanc, avec de petites taches , ou veines de couleur de tuf. Dans l'intérieur de l'église, il y avoit deux niches , ou fenêtres qui répondoient aux deux pierres ci-dessus mentionnées. Comme elles étoient en grande partie transparentes , elles livroient passage à la lumiere et sembloient des nuages de couleur d'or, semblables à ceux au milieu desquels le soleil se couche.

Dans la tribune de l'ancienne église de Saint Miniato de la montagne voisine de Florence , il y a cinq grandes pierres pareilles et oblongues ; cependant elles diffèrent en ce qu'elles paroissent être des briques composées de différents petits morceaux de marbre , ou d'albâtre blanc , liés ensemble par une pâte pierreuse de couleur obscure ; et que celles d'Empoli sont plutôt du marbre mélangé. Je ne saurois dire d'où ces marbres, ou albâtres ont été tirés ; mais il faut bien observer que les signes de la pierre phengite des anciens sont douteux et équivoques. Pline nous la représente comme étant aussi transparente que la scagliola , et comme une espece d'albâtre divisé en lames fines. Il en rapporte quelques différences , il a été suivi en cela par le Césalpin et par le Boot. Tournefort nous a laissé la description d'une fenêtre de marbre , ou d'albâtre transparent qui ressemble beaucoup à celui que Pline rapporte avoir été trouvé en Cappadoce du temps de Néron , et qui est maintenant dans une église ancienne des Arméniens dans la ville d'Ancyre. On ne sait pas positivement si les vitres des anciens étoient de marbre phengite , ou de scaglinola.

La pierre phengite dont Suetone nous a laissé la description , est tout à fait différente. Elle est éclatante comme un miroir et rend les objets : elle n'est point transparente et ne donne point passage à la lumiere.

Le phengite de Saint Miniato de la montagne , est très-beau et aussi transparent que le peut être l'albâtre. J'ai remarqué qu'une de ces cinq pierres s'étant détruite , on avoit rétabli l'angle qui manquoit dans le fond avec de l'albâtre oriental ; ce qui s'accordoit assez bien , excepté que l'Albâtre jettoit une lumiere blanche et non jaunâtre comme la table ancienne. Quatre autres tables semblables sont employées à former les murailles basses de l'ornement de la façade , dont deux servent d'embrasures à la porte du milieu. Je présume qu'elles servoient jadis de fenêtre comme celle de la tribune : car le mur qui leur est adossé semble avoir été recouvert et réparé nouvellement. Je ne peux point croire que ces belles pierres de phengite hautes de cinq coudées aient été tirées de ces pays-ci ; et encore moins qu'elles soient de l'albâtre de Volterra. Car parmi toutes les différentes especes que j'ai vues de celles de Volterra, il n'y en a pas une seule qui ressemble à ce phengite ; et quand il s'en trouveroit, elle seroit beaucoup moins dure et n'auroit pas si bien résisté aux injures de l'air.

Le phengite de Saint Miniato est donc une pierre étrangere : et qui sait si ce n'est pas la même que celle de Cappadoce, provenant des ruines de quelque temple magnifique des Payens ? je suis persuadé que

tous ces morceaux de marbre , à la réserve du verd pré , que l'on voit employé
dans les ornemens antiques de cette belle
église, sont autant de pieces et de débris des
édifices des Payens dans les beaux siecles
de l'antiquité. Pour s'en convaincre, il suffit
d'examiner l'état et la richesse de Florence
dans le onzieme siecle ; et l'on verra s'il
étoit possible alors de faire transporter des
marbres blancs de Carrara : puisque , au
lieu du Noir et du Verd , on s'est servi de
celui de Monte Ferrato.

On se convaincra plus complettement encore de la vérité de cette assertion en con-
sidérant l'église même. On y voit huit grands
chapiteaux antiques de colonnes d'ordre Co-
rinthien travaillés avec une délicatesse et
une perfection extrême ; mais qui ne s'ac-
cordent point avec l'ensemble et prouvent
qu'ils ont servi à d'autres édifices. Car si
l'on se sent frappé d'admiration à la vue
de ces beautés et de regret de les voir endommagés et gauchement placés sur des
colonnes plus grosses que leurs bases , d'un
autre côté , on n'est pas moins tenté de rire
à l'aspect des autres chapiteaux lourds et
grossiers que l'on voit dans l'église et qui

•nt été faits dans le onzieme siécle à l'imitation des antiques.

. On voit encore d'autres chapiteaux antiques très-beaux , mais petits, placés sur des
colomnes grèles, qui dominent la chaire.
Dans le presbytere , il y a aussi quatre de
ces colomnes , mais plus grosses de marbre
violet antique. Les petites colomnes de
la chaire en sont aussi ; mais les autres sont
de marbre de Paros cannelé. Il y en a aussi
de verdâtres et trois d'un certain noir particulier. Enfin dans la façade de cette église,
il y a une infinité de morceaux de corniches
antiques.

F. Agostino del Riccio s'explique ainsi sur
le marbre phengite dans son traité manuscrit des pierres au chapitre 129. » Je parlerai
» seulement de ces morceaux d'albâtre, qui
» sont dans le jardin de M. Ruccellai , qui
» appartient maintenant à MM. Stiozzi dans
» la rue Della Scalla. Ces pierres servent
» de fenêtres à la maison et fournissent un
» jour aussi grand et aussi favorable que les
» chassis dont ils tiennent la place. On peut
» encore voir la même chose au monastere
» Saint Miniato , près de la ville , à l'en-
» droit où est maintenant la forteresse. Mais

» l'église n'a jamais souffert ; c'est ce qui
» fait que l'on voit même à présent dans la
» partie supérieure du chœur où les moines
» du mont Olivier avoient coutume de faire
» leurs prieres, au lieu de fenêtres, des
» pierres qui éclairent tout le chœur. Et je
» puis dire ici que dans toute l'étendue de
» l'église, soit supérieure, soit inférieure
» et dans toute la façade, il y a des pierres
» et des marbres mélangés, qui sont d'une
» grande beauté et que nos antiquaires pré-
» tendent avoir été la dépouille de Fiesole. »
Je ne voudrois néanmoins pas adopter cette
opinion ; et je présume plutôt que ce sont
des fragments des édifices antiques de Florence dont on reconnoît un grand nombre
employés de même dans les incrustations de
Saint Jean et de la cathérale.

HISTOIRE D'EMPOLIS.

La situation d'Empolis a été très - bien
décrite dans un écrit anonime, publié par
M. Lami, et est aussi heureuse qu'on puisse
le desirer pour une vaste métropole. Cette
ville est placée au milieu d'une plaine immense, saine et fertile, suffisamment airée,

environnée de collines délicieuses et abondantes , ni trop proche , ni trop éloignée
des montagnes et s'éleve au dessus d'un
fleuve majestueux , navigable et assez près
de la mer. Mes yeux ne se portent jamais
sur cette superbe ville , que je ne me sente
indigné contre le fameux Farinati Degli
Oberti, qui , en 1260, osa seul s'opposer au
projet de détruire Florence et d'en transporter les habitans à Empolis. Certainement
cette transmigration n'auroit pas été du goût
de nos ancêtres, mais elle nous eût été extrêmement avantageuse. Car Empolis seroit
devenue avec le tems une ville infiniment
plus belle et plus salubre , que ne l'est Florence. On y a trouvé des restes de la belle
antiquité et elle a été considérable même
dans des temps plus modernes.

Les maisons d'Empolis sont très basses ,
et dans la plûpart on n'entre qu'en descendant. Ce qui prouve que le terrein extérieur a été refait et élevé de quelque
chose.

De dessus la rive de l'Arno, je découvris
avec une lunette d'approche la structure des
montagnes , qui environnent la partie opposée à la vallée d'Arno. Je m'apperçus que

le mont d'Artimino , vers le couchant, se divise et prend le nom de Montalbano d'un ancien château qui existoit dans cet endroit, et qu'il s'étend au loin vers Monsummano et Seravalle , où il se réunit aux montagnes de la Valdinievole , contigues à celles de Pistoia. Cet espace est rempli d'une infinité de collines qui ont différens noms et qui par des détours tortueux suivent le courant de l'Arno , laissant en plusieurs endroits des espaces assez considérables de plaine entre le fleuve et leur pied. En deux endroits différents , elles s'étendent jusque vers l'Arno et même leurs racines sont minées continuellement par ses eaux. C'est ce qui fait qu'elles écroulent et s'éboulent et les précipices qu'elles forment alors s'appellent grottes. A *Limite* il y a de ces grottes considérables et couvertes de lits horizontaux d'argille, avec une infinité de coquillages et autres productions de la mer que j'ai vues aussi en allant à Pise par l'Arno.

VOYAGE D'EMPOLIS A PONTADERA.

En continuant mon voyage par la route

Pisana , j'arrivai à pont d'Elsa village ainsi appellé du pont voisin qui est bâti sur le fleuve Elsa. C'est un endroit assez considéable.

Le fleuve Elsa coule à travers une vallée fertile et magnifique, qui tire son nom du fleuve et s'appelle Valdelsa. Il est environné de tous côtés de vastes collines composées de lits horizontaux , les uns de tuf , quelques-uns de gravier ; mais la plus grande partie d'argille. Ils sont remplis de tant et de si différentes productions marines qu'ils peuvent satisfaire le Naturaliste le plus curieux.

Les collines qui forment la Valdelsa s'étendent à droite jusqu'à la plaine d'Empolis , sous le nom de Cerbaiola, et l'environnent du midi au levant. Elles ne sont interrompues que par les brêches qu'y forment divers torrens et fleuves et principalement celui d'Orme et de Pesa. Mais à gauche elles sont plus hautes et plus vastes et forment les côtes spacieuses du mont St. Miniato , jusqu'au fleuve Evola. On peut même s'appercevoir qu'elles ont fait autrefois continuation avec les collines de Valdevola et celles de Valdera. L'histoire du fleuve

Elsa se trouve dans l'Odeporico de M.
Lami.

Après avoir passé le pont d'Elsa, on monte
une petite pente de colline qui s'appelle *il
Pogetto* et qui se détache de celle où est bâtie
la ville de Saint Miniato.

J'arrivai ensuite à *Castel del Bosco*, village peu considérable maintenant, mais
jadis un château très-fort, servant de bar-
riere aux Pisans contre les Samminiates. A
quelque distance de là je montai une autre
colline que l'on appelle Della Rotta, parce
que au dessus est situé un village qui porte
ce nom. C'est un détachement tortueux des
collines de Valdera et principalement de
celle de Marti. A partir du pied de cette montagne jusqu'à Pontadera et même jusqu'à
Livourne, la route est toute unie.

J'avois à peine laissé la Rotta derriere
moi que je fus supris par la nuit ; et j'arrivai enfin à Pontadera, où je passai la
nuit chez M. Ottavio Cedri, qui voulut bien
me recevoir.

HISTOIRE DE PONTADERA.

PONTADERA est une des meilleures
provinces

provinces de la Toscane très-commerçante. Elle prend son nom d'un pont voisin, construit sur l'Era, fleuve considérable et dangereux.

Beaucoup d'autres endroits de la Toscane tirent ainsi leur nom de quelque pont qui les avoisine; parce que les ponts seroient trop multipliés sur les routes, et qu'on ne peut les construire à peu de frais par-tout où on veut. En conséquence un seul pont sert souvent à plusieurs endroits et à plusieurs routes; et elles s'y réunissent comme à leur point central.

Les aubergistes, les maréchaux et autres gens de cette espece, se placent ordinairement aux environs des ponts pour la commodité des voyageurs. Si leur nombre s'augmente, ils forment bientôt un village, qui devient ensuite un château, &c.

Pontadera doit indubitablement s'être formée de cette maniere. Sa situation est extrêmement avantageuse pour la population et pour le commerce: d'autant qu'elle est à côté du seul pont de l'Era, qui est d'une utilité infinie, à portée de la route des collines de Volterra et de Valdinievole. En consé_quence, il y est accouru des habitans des lieux

Tome I.   D

circonvoisins ; qui s'y sont établis peu à peu , et y ont formé un commerce considérable. Elle paroît maintenant basse et enfoncée de maniere que les maisons n'en sont point commodes et les puits ne fournissent point de bonne eau. Mais cela vient de ce que la plaine au milieu de laquelle elle est située , a été exhaussée depuis que les premieres habitations ont été faites : et le lit du fleuve Arno ayant été de même exhaussé , elle ne peut plus si facilement se débarrasser de ses eaux.

Les statuts de Pise dont je tire des citations dans le cours de cet ouvrage , sont conservés dans cette ville à la bibliotheque du college Royal de la Sapience. Ce précieux manuscrit étoit resté couvert de poussiere et oublié sur une des tablettes les plus élevées de la bibliotheque. C'est ce qui fait que l'abbé Valsechi n'avoit pu le voir quand il publia sa belle Dissertation *de Pisanis Constitutis*. MM. Benetto Moneta et Giovani Baldassaroni bibliothecaires de ce college, furent ceux qui le découvrirent et le firent connoître. M. Baldassaroni en a même tiré un recueil et a bien voulu me communiquer ce qui concerne Porto Pisano. Mais

le 16 janvier 1743 , à mon passage à Pise ,
j'eus l'avantage , grace à la complaisance
et à l'honnêteté de M. l'auditeur Joseph
Blandini alors bibliothécaire , de feuilleter
à mon aise l'original même , et d'en faire
des extraits. En conséquence je passai la
nuit entiere à faire des notes de ce que j'ai
cru devoir éclaircir dans l'Histoire Naturelle
de Pise et de son territoire.

VOYAGE DE PONTADERA A CAMUGLIANO.

LUNDI premier octobre je partis de Pontadera, pour arriver à Camugliano à l'heure
de dîner. Le trajet fut de trois milles à travers une plaine très-fertile et cultivée à la
maniere de celle de Florence. Ce fut dans
cette plaine et près de Ponsacco, que Pierre
de Farnese général des Florentins , tailla
en pieces l'armée des Pisans en 1363. On
m'a raconté que souvent les paysans en labourant leurs terres, rencontroient des ossemens humains et des armes.

Camugliano est une maison de plaisance
considérable de MM. les Marquis Niccolini,
qui est au midi de Ponsacco et éloignée
seulement d'un mille. La structure en est

magnifique, et outre cela, elle est spacieuse et très-commode. Elle est située presque au milieu d'un territoire vaste et fertile. Cet endroit me servit comme de centre, et m'aida à exécuter différens petits voyages.

La colline de Camugliano n'est autre chose qu'un détachement de la colline de San Pietro et une suite de celle de Morrona. Elle tient le milieu entre la plaine de l'Era à droite, et celle de la Cassina à gauche, et divise ainsi le cours de ces deux fleuves qui se réunissent ensuite sous Ponsacco, et ne garde plus que le nom de l'Era, jusqu'à ce qu'il se rende dans l'Arno.

Le terrein de cette colline est entierement composé de tuf et par conséquent peu solide pour la bâtisse, de maniere que voulant fortifier cette place, on a été obligé d'y construire un gros mur de fondation qui d'ailleurs en augmente la beauté.

Les eaux de fontaine généralement n'y sont pas bonnes à boire, et sont mêlées d'une grande quantité de sable très-fin. Elles laissent dans les canaux et dans les vases une incrustation de tartre et ont un goût de terre. On remédie à cet inconvénient en faisant les puits très-profonds, et celui du château a des sources d'eau très-bonne et qui ne manquent jamais.

Le pain s'y fait de semences broyées. Il est dur, aigre et a un goût de terre. Cependant on m'a assuré que pour lui donner de la saveur, on y mêle ordinairement par boisseau, un sixiéme de farine d'yvraie : ce qui paroît bien étrange, d'autant que les écrivains qui ont traité de la nature des alimens, ont toujours regardé l'yvraie comme une nourriture malsaine. Néanmoins on ne s'apperçoit point qu'il en résulte aucun mauvais effet sur les paysans de Camugliano et on n'y voit aucune maladie épidémique ; et Giovacchino Struppio prétend aussi que l'yvraie est propre à la nourriture, opinion qu'il a avancée dans son *Antidotario Antitrimastigo*, Cellula 22. Les laboureurs recueillent beaucoup de grain, mais ils le vendent au lieu de l'employer à leur propre nourriture. Ce qui donne lieu à l'application de ce passage de Plaute : *mirum est Lolio victitare te, tam vili tritico* !

Je pris ensuite la route qui conduit de l'église à Ponsacco, et sous la hauteur où étoit jadis le château, je remarquai quelques lits horizontaux de gravier avec des morceaux de testacée, liés ensemble par une certaine terre fine et pétrifiée , dont la forme ressemble au *calcistrozzo*, ou ciment composé artificiellement de gravier et de chaux. Le fermier du seigneur les faisoit broyer à coup de pic pour en couvrir les grands chemins, usage auquel il est aussi propre que celui des fleuves. Le très-illustre docteur Joseph Baldassari décrit de semblables lits de *panchina* graveleuse, qu'il annonce avoir aussi remarqués dans le territoire de Chianciano dans le Siennois. J'ai encore vu de certains lits de panchina ou brique graveleuse, dans Siene, sous la cathédrale et à l'hôpital della Scala.

En outre sur une côte vers la Cascina , je rencontrai une grande plage de sable condensé, ou plutôt de tuf de couleur sombre mêlé avec du gravier. Elle étoit en grande partie couverte de buissons et d'arbrisseaux ; mais en quelques endroits elle étoit nue , par-tout où le gravier étoit si abondant, ou plutôt le tuf si dense, qu'il ne permettoit point au germe des plantes de percer. Dans ces plages nues et dans les creux formés par les eaux de la pluie, j'ai remarqué certaines places de tuf rouge et différent de l'autre ; mais j'ai reconnu que cette différence étoit produite en partie par la putréfaction d'une infinité de petits *geodi*, qui sont de cette couleur et qui ressemblent aux feves pour la figure et la grandeur.

Sur le territoire de la Grillaia, dans un champ qui est au milieu de la plaine, se trouve un pelago ou bozzo, comme les paysans l'appellent, c'est-à-dire, une source d'eau. Elle est froide et quand on la verse dans un vase de crystal, alors elle paroît remplie d'une infinité de fils très-déliés, ou de petites branches d'une espece de *conferva* verte. J'y découvris, sans le secours du microscope, une multitude de petits vers transparens qui ressemblent à l'anguille pour la forme et qui se trouvent ordinairement dans les eaux marécageuses. Quelques-uns étoient plus gros, divisés en nœuds, ou anneaux, munis de cinq, ou six petits poils disposés en forme d'étoile à l'entour de la bouche, et qui leur servent vraisemblablement à saisir la nourriture. Je découvris encore une grande quantité de ces petits dauphins qui se métamorphosent en cousins. Mais l'espece la plus particuliere d'insectes que j'y ai trouvée et que j'ai remarquée dans beaucoup d'autres eaux semblables , c'est une sorte de tellines , ou moules d'eau douce qui sont très-déliées : de maniere que quatre d'entre elles égalent à peine en grosseur le grain le plus petit de panis. C'est une chose incroyable que le mouvement de ces petits êtres à peine sensibles. Ils entrouvrent la petite coquille dans laquelle ils sont renfermés, et nagent alors de tous côtés avec une vivacité étonnante; mais dès qu'ils voient s'approcher quelques objets qu'ils supposent pouvoir leur nuire , ils resserent leur petite coquille et font le plongeon. Il faut croire que ces petits animaux, pour nager avec tant de vitesse , font jouer leurs petites valves, comme les poissons font leurs nageoires ; et qu'en outre de cela , ils ont intérieurement quelque petite vessie remplie d'air. Mais quelque peine que j'aie prise pour pouvoir examiner leur construction avec le microscope , je n'ai jamais pu y parvenir , parce que sitôt qu'on s'approche, il ferment leur coquille et se précipitent au fond de l'eau. J'ai seulement pu remarquer qu'ils poussent hors de la coquille quatre petites branches aussi fines qu'un fil de soie, dont ils se servent pour nager , en les agitant

comme des rames et pour s'attacher aux petits brins d'herbe. Je les ai vus aussi rester
sur les bords d'un vase , dans la longueur
de l'ouverture de leur petite coquille , ou
même quelquefois s'avancer ,en marchant
dans la même direction et en s'aidant de
leurs petites branches.

L'eau de cette source Pelago a un goût de
terre et sent comme la *Chara fœtida* qui y croît
en grande quantité parmi d'autres plantes
aquatiques. La bourbe du fond est presque
noire. En se séchant elle devient tourbe, et
si on la brûle elle sent comme le soufre. Les
paysans se servent de cette bourbe pour
teindre en noir. Ils font d'abord bouillir
leur toile , ou leur drap avec de la noix de
galle et ensuite ils l'enduisent de bourbe.
Néanmoins après différentes expériences, il
ne m'a point été possible de découvrir dans
cette eau aucun mélange de minéral
conque , qui puisse la rendre utile à la
médecine.

Je m'avançai ensuite vers une autre ferme
appellée la Castellaccia. Je me promenai
quelque tems sur les terres qui en dépendent, du côté de Saint Pierre et sur celles
dont on a fait des prairies ; je remarquai

beaucoup de *reseda minor annua, Bellidis folio, floribus tripetalis albis, petalis bifidis, sectionibus digitatis, fructu crassiore trigono cernuo, semine granutato. An reseda minor vulgaris, foliis integris inst. R. H. 423. Mich. H. flor. 166. n. 2. vulgo Amoretti d'Egitto.*

Linaria segetum annua, humistrata, villosa foliis subrotundis, imis denticulatis, cœteris integris, flore luteo, cum labio superiori purpuro - violato. Linaria segetum, nummulariae folio villoso ins. R. H. 169. Elatine folio subrotundo. C. B. Pin. 252. Elatine folio subrotundo J. B. 3. 372. Veronica fœmina Fuchsii, sive Elatine Dod. Pempt. 42.

Tymelaea Lini folio, annua, sub hirsuta flore phœniceo longiore et non nihil adunco Mich. Rar. Elle differe de la *tymelaea linariae folio vulgaris ins. R. H.* 549, parce qu'elle a la tige non-seulement toute picotée, mais même semée de petits poils blancs qui sont disposés à l'entour. La fleur couverte de poils plus gros est longue de près de deux lignes et ressemble à la fleur de la *bignonia tetraphylla,* tant pour la figure que pour la couleur; car intérieurement elle est de couleur d'or. Les fils en sont encore de la même couleur, mais plus chargée. Extérieurement, elle est aussi de couleur d'or, mais mêlée de rouge et semée de petits poils; et avant de s'épanouir elle est toute rouge. Quand les fleurs commencent à poindre, ce qui arrive ordinairement à la suite de l'automne, la plante perd ses feuilles. S'il m'en souvient bien, les fleurs sont rangées par couple; l'une stérile et l'autre féconde, comme le prétend Linné dans sa description de la *Passerina.*

En descendant vers la plaine de l'*Era*, je rencontrai certaines croupes, ou précipices de la colline que l'on appelle communement franc et qui sont produits par les eaux de pluie. J'y apperçus des lits séparés de menu gravier entrémêlés de lits de tuf. Il y a aussi beaucoup de coquilles de celles dont Gualtieri a donné la figure ind. test. tab. 71. F.

Je remontai ensuite sur la hauteur contigue à la Castellaccia, et j'y trouvai des enfoncements très-profonds qui laissoient voir des lits de menu gravier. Il y en avoit un, entr'autres, composé entierement de conques rhomboidales, *Gualt.* test. ind. tab.

87. A. mais la plûpart putréfiées. Dans un autre lit je trouvai certaines pierres qui ressemblent à des truffes , mais qui sont blanchâtres et fendues en dedans , comme les *pani diabolici de cesalpino.* Quelques-unes d'elles sembloient s'être pétrifiées sur la place même , à côté des coquilles dont elles conservoient encore l'impression Dans d'autres lits , il y avoit des pierres d'une forme semblable , mais de couleur de tan, et mêlées de matiere ferrugineuse. Enfin je trouvai dans d'autres de petits morceaux de fer.

En montant vers le château , je passai sur une petite montagne où il y a des cyprès et où je remarquai un morceau de limaçon sur lequel étoit demeurée l'impression d'une infinité de coquillages.

Sous la maison, en traversant un bosquet de laurier , on me fit voir une ruche d'abeilles terragnoles ou frelons.

Dans le parc , en passant par la grande allée qui conduit à la route de Ponsacco , je trouvai une quantité prodigieuse de *ornithogalum autumnale minus , flore dilute purpureo inst. R. H. 381.*

M. l'Abbé Antonio Niccolini m'avoit

expressément recommandé de faire la re-
cherche la plus exacte de ces eaux où Antonio Novelli fameux sculpteur s'étoit baigné
et par le moyen desquelles il avoit recouvré
le mouvement des bras et des jambes qu'il
avoit perdu depuis plusieurs années. C'étoit
en conséquence de cette recommandation
que j'avois examiné avec soin toutes les
sources du marquisat qu'on m'avoit indi-
quées. Je ne voulus point me borner là, et
je résolus de continuer mes recherches. Je
descendis donc mardi matin 2 octobre dans
la plaine de la ferme appellée *il Bosco grosso*
et j'y trouvai un fossé plein d'eau de source
qui est très-froide et une grand quantité de
plantes aquatiques. Cette eau ressemble à
celle de la source de la Grillaia, mais en y
infusant de l'huile de tartre , elle devient
beaucoup plus blanche. La vase du fond
est presque noire et on s'en sert pour faire
des teintures.

J'entrai enfin dans l'habitation de la ferme , et je descendis du côté de san Pietro.
Un peu au dessous de la maison, à gauche
de la route, sous une ruine de tuf composée
de trois couches épaisses , au niveau de
la route , j'apperçus une couche légere

d'*huitres* et *conques grifoides* semblables à celles représentées par le Guattieri tab. 101. C. D. E. F. G. mais plus grandes dans toutes leurs dimensions. Je m'enfonçai ensuite dans un grand bois où l'on me fit voir une autre profondeur appellée la burraia, avec une source semblable à celles décrites plus haut ; mais la vase en est noire comme de l'encre et a l'odeur fétide de la *chara*. Un peu au dessous dans la plaine de la Cascinella , j'apperçus un autre enfoncement où se trouve une source d'eau qui sort de dessous certains lits de tuf pétrifié. Cette eau est très-limpide et l'huile de tartre ne peut point la troubler. Elle n'a ni goût, ni odeur, et je la crois très-bonne à boire.

DES PROPRIÉTÉS DU JUSQUIAME.

AVANT de traiter du jusquiame , il faut prévenir le lecteur que cette plante n'est point originaire de la Toscane; mais qu'elle s'y trouve souvent et s'y propage d'elle même, et toujours près des maisons des paysans et des fermiers. Cette observation m'a fait soupçonner que dans les siécles passés [pendant lequel temps les campagnards et particuliere-

ment les vieilles femmes, avoient coutume
d'aller en course, comme ils l'appelloient,
à la maniere de la Casigliana d'Apulcio, &c.]
le jusquiame pourroit bien avoir été un
des ingrédiens qui composoient cet onguent
abominable, et même cette suffumigation
qui leur occasionnoit promptement et uni-
formément un délire si furieux qu'il subju-
guoit entierement leurs sens et qu'ils se
croyoient transportés, &c. Ce qu'il y a de
certain, c'est qu'entre autres propriétés nuisibles, le jusquiame a celle de causer un
délire violent.

A propos des qualités nuisibles du jusquiame, et afin qu'on puisse mieux s'en ga-
rantir, j'ai envie de rapporter une petite
histoire qui a rapport à la médecine. Je
la dois à la complaisance et à l'honnêteté
du docteur Francesco Ginliano Livi, médecin de Monte Catini de Valdinievole.

23 février 1752.

Lorenzo Natalini habitant de Mo-
necatino de Valdinievole, âgé d'environ
cinquante - deux ans, d'un tempérament
chaud et sec et laboureur de profession,

trouva un jour par hazard en bêchant un jardin, quelques racines d'une moëlle blanche et délicate, de la grosseur d'un pouce, et longues comme la main. Il ne les connoissoit point ; mais moi, qui les examinai après l'accident que je rapporte ici, je reconnus que c'étoient des racines de jusquiame blanche commune, à larges feuilles, vulgairement appellée dent de cheval. Lorenzo commença donc à goûter de ces racines sans les faire cuire, et les trouvant assez agréables au goût, il porta le reste chez lui et persuada à sa femme de les faire cuire pour son souper. Pour mieux la rassurer, il en mangea encore un morceau cru devant elle. Cela se passa à cinq heures après midi. Bientôt après il alla chez son maître où on lui donna du pain et du vin. Il mangea seulement deux bouchées de pain et but un verre de vin. A peine l'eut-il bu qu'il se sentit une grande foiblesse d'estomac et des étourdissemens. C'est pourquoi il se retira sans rien dire, et s'en retourna seul chez lui, sans néanmoins sentir aucun mal. Il trouva que sa femme avoit fait cuire les racines, et qu'elle en avoit mangé deux morceaux qui lui avoient paru bons. De maniere

maniere qu'il en mangea lui-même encore un morceau sans le faire cuire et sans l'assaisonner. Peu après , ils se sentirent tous les deux l'estomac foible et délabré et des étourdissemens dans la tête. Ils soupçonnerent alors que cette incommodité leur venoit d'avoir mangé de ces racines. En conséquence ils craignirent leur effet et les jetterent toutes cuites.

En même temps ils firent préparer une salade , et après l'avoir assaisonnée avec de l'huile et du vinaigre, ils se mirent à en manger avec du pain. Mais à leur grand étonnement , ils eurent beau mâcher et remâcher , ils ne purent jamais en avaler une bouchée , parce que leur langue étoit privée de mouvement. Bientôt même Lorenzo perdit entierement la parole , en conservant toujours sa connaissance. Il s'asseyoit, se levoit, se promenoit ; mais il lui étoit impossible d'articuler un seul mot. Sa femme qui avoit mangé la derniere de cette racine , étoit moins incommodée que lui , et même pouvoit lui donner du secours. Elle courut donc appeller ses voisines et même aussi le curé , qui vint et confessa le malade par signes. On lui donna un verre d'huile d'olive à boire

et quatre heures après de la thériaque dé-
layée dans de gros vin. Il sembloit alors
stupide et anéanti ; quelquefois même fré-
nétique. Il montroit une telle vigueur , qu'il
soulevoit les chenets de pierre comme s'ils
eussent été d'étoupe ; et si on n'avoit fait
de puissants efforts pour l'arrêter , il auroit
sauté par la fenêtre , croyant passer par la
porte. A la fin il démolit quelques platras
de l'escalier.

Il demeura dans cet état de délire et de
convulsion jusqu'à minuit , c'est-à-dire ,
sept heures après qu'il eut mangé des racines ; au bout duquel temps il recouvra
l'usage de la parole et de ses sens. On
le mit ensuite au lit pour lui faire prendre du repos , et le matin à la pointe du
jour, il fit un petit somme dont il se réveilla
en sursaut et se leva pour aller entendre
la messe. C'étoit la fête de Saint Mathias.
Cependant il ne se ressouvenoit de rien
de ce qui lui étoit arrivé la veille, mais sa
vue étoit un peu affoiblie et il sentoit encore un peu d'étourdissement. Mais après
le dîner il ne s'apperçut plus de la moindre
chose , et il étoit en parfaite santé. Quoiqu'il eût pris de l'huile et de la thériaque,

il n'éprouva aucune évacuation quelconque; mais toutes les choses reprirent leur cours naturel.

Maintenant revenons à sa femme. Vers les neuf heures du soir elle commença à paroître stupide et comme hébêtée. Une heure après cette espece d'anéantissement elle perdit entierement l'usage de la parole, elle tomba ensuite dans le délire et fit toutes sortes d'extravagances semblables à celles de son mari. On ne lui donna cependant rien à boire; mais on se contenta de la garder attentivement pour l'empêcher de se jetter par la fenêtre. Elle persista dans cet état de délire et de convulsion jusqu'au soir du jour suivant et même ne recouvra l'usage parfait de la parole qu'après six jours, pendant lequel temps elle demeura stupide et anéantie. Enfin elle fut entierement rétablie et jouit d'une aussi parfaite santé qu'elle avoit fait auparavant.

Voyage de Camugliano a Treggiaia et Forcoli.

Après le dîner je formai le projet de visiter les collines de Treggiaia et de Forcoli.

A l'extrêmité du grand chemin qui conduit de Camugliano à l'Era , il y a une maison habitée par les paysans de la ferme qui, suivant ce que me dit le fermier , sont sujets dans l'été à de grosses maladies occasionnées par la quantité excessive de vase que laisse l'Era après les inondations prodigieuses qui ont lieu dans cette saison.

Après avoir traversé la plaine, je montai sur Treggiaia par un chemin roide et escarpé , dans lequel on observe de grandes masses de tuf dont la colline est entierement composée de beaucoup de coquillages ; mais principalement de *Petoncles , Coniques , Pelignes , Cames , Turbins , &c.*

Le village de Treggiaia est situé au sommet de cette colline. Il est habité par cinq cens personnes. L'air y est très-bon et les eaux excellentes ; de maniere que beaucoup de gentilshommes Pisans ont coutume d'y passer leur été. On m'a assuré que dans l'espace de trois ans , il n'étoit pas mort une seule personne dans ce château , et que beaucoup y étoient parvenues à l'âge de cent ans. Autrefois son circuit étoit plus étendu, comme on peut le voir par les ruines qui l'environnent. Dans un parchemin publié par Muratori, je trouve qu'il a porté le nom de Trogiaria jusqu'en 1126.

DE LA PIERRE A LIMAÇON.

LES pierres dont on se sert pour bâtir à Treggiaia, font portion des lits de tuf pétrifié, et renferment toutes sortes de coquillages. Cette sorte de pierre se trouve en grande abondance dans toutes les collines. Les paysans l'appellent Panchina. Comme je me propose d'en parler en différents endroits, j'ai cru devoir en donner ici une idée générale.

Les collines, comme je l'ai dit, sont composées de lits horizontaux de sable et de craie. Entre ces deux substances, il se trouve deux différentes sortes de pierres. Les unes se sont formées au dehors avec le sable et la craie; les autres sont des masses de sable et de craie qui ont acquis ensuite la dureté de la pierre ; et c'est de ces dernieres que je me propose de parler.

On trouve donc de distance en distance des lits entiers, des portions de lits, particulierement de sable, pétrifiés avec tout ce qu'ils contenoient. C'est pourquoi on ne doit point s'étonner de voir tant de coquillages incorporés et identifiés avec ces pierres et même des plantes marines , puisque ces substances se trouvent mêlées en très-grande quantité parmi le sable et la craie des collines. Il y a dans la nature une infinité d'especes de pierres qui portent en elles quelques productions de la mer, et même d'après celles que j'ai vues, je crois pouvoir me permettre d'avancer qu'il n'y en a presque point qui n'en renferment plus ou moins. Celles dans qui ce mélange paroît plus manifestement, ont reçu de quelques Naturalistes le nom propre de *marmor conchyte ,* ou *lapis conchytes ,* ou *conchyliatus.* Elles se trouvent près des carrieres de Lumachella. Mais l'idée qu'on donneroit d'une telle production de la nature, est trop confuse, et même l'on ne peut avec le secours des livres en former un systême général. Certainement si , pour fixer les caracteres génériques des pierres, on s'arrêtoit à examiner les corps organiques de la mer , pour ne point parler de ceux de la terre qui se trouvent dans leur masse , il y auroit peu de différentes sortes de pierres : puisque presque toutes renferment de ces corps , à l'exception des perles et des crystallisations ; encore même s'y en trouve-t-il quelquefois ; car j'en conserve dans mon cabinet.

En étudiant la nature dans des livres on se contente aisément de ces systêmes spécieux et brillans qui ont été inventés jusqu'au temps où nous vivons, pour expliquer la structure de notre globe et la formation des montagnes ; mais si l'on veut prendre la peine d'examiner les productions naturelles sur les lieux mêmes, et voir par soi-même comment les montagnes se sont effectivement formées , on ne pourra s'empêcher de se méfier de tous ces beaux systêmes , et de révérer les décrets impénétrables du tout puissant Auteur de la nature , qui a donné aux hommes l'habitation et l'usage du globe ; mais *mundum tradidit disputationi eorum , ut non inveniant opus quod operatus est à principio usque ad finem.*

Les découvertes des plus fameux Naturalistes prouvent que les corps organiques existent dans les montages, de tous côtés, et en tous sens ; mais il est difficile de comprendre comment cela peut s'être fait. Contentons-nous donc d'examiner les effets , puisque nous sommes forcés de renoncer à connoître les causes. C'est pourquoi si nous voulons fixer une méthode pour distribuer et classer les fossiles, il nous faudra déterminer les idées génériques d'après les autres propriétés de ces fossiles, sans nous occuper des corps organiques qu'ils renferment.

Les pierres à limaçon ne peuvent se former que par un assemblage régulier de coquillages et par quelque combinaison physique. J'en conserve dans mon Musœum une collection nombreuse que j'ai encore augmentée considérablement par ce voyage, et l'on peut en un instant prendre une juste idée de la nature de ces pierres. Les lecteurs cependant peuvent s'en former une idée telle quelle, d'après les figures qu'en donne Ulisse Aldovrando dans son *Museo metallico* sous les noms suivans : *ostracomorphos lapis*, pag. 464, *prima silicum differentia*, p. 730, *marmor orientale* ποικίλον, p. 765, et Michel Mercati dans la *Metallotheca vaticana*, sous le nom de *silex Florulentus*, pag. 275. On peut voir encore d'autres especes de lumachelle représentées en figures dans l'*Epistolaria stinaria XXV de Francesco Bruckmanno*. Au sujet de la nature des pierres à limaçon , il a été observé judicieusementpar le Cesalpin : *de Metallic.,* pag. *5,* que les coquillages qui se trouvent incorporés dans les pierres , *recedente mari et lapidescente solo, inibi derelicta in lapides concreverunt : ubique enim , ubi nunc est arida , aliquando affuisse mare , testatur Aristoteles.*

. . . . Vidi factas ex æquore terras ,
Et procul à pelago conchæ jacuere marinæ.

a dit Ovide.

On peut voir au sujet des pierres à limaçon , tout ce qu'en a pensé Niccolo *Stenone prodr. dissert. de solido intra solidum , &c. pag.* 28 , 29 *et* 53. On peut consulter Jo. Jac. *Scheuchzeri epistola de generatione conchitarum in append. ad Ephem. Acad. Nat. curios. ann.* 1696 *, pag.* 151 *; Car. Nic. Longii hist. lapidum figuratorum Helvetiae ,* Tournefort *Description du labyrinthe de Crete* dans les Mémoires de l'Acad. Roy, des Sciences. a. 1702 , pag. 290 , et Godofr. Guil. Leibnitii protogea §. 24 , pag. 39.

Les sculpteurs emploient quelques especes

de ces pétrifications, quand elles sont d'une pâte uniforme et de belle couleur. Quand elles sont susceptibles d'un beau poli, ils s'en servent pour les ornemens des édifices. Les anciens en faisoient beaucoup de cas, comme je l'ai déja observé ; et particulierement les Mégariens qui ornerent leur ville de beaux ouvrages faits avec une espece singuliere et curieuse de marbre conchyte, ou de lumachelle infiniment blanche, remplie de coquillages et autres productions de la mer, et qu'ils tiroient vraisemblablement d'une montagne voisine d'Amphila. En Medie on tiroit aussi une belle espece de lumachelle rouge; et Xenophon rapporte qu'il a vu dans la ville de Mespila un temple dont la corniche, ou fronton, étoit exécutée en pierres de cette sorte. Filostrato rapporte aussi qu'il y avoit dans l'Inde un autre temple entierement construit en lumachelle rouge. Le P. F. Agostino del Riccio dans son histoire manuscrite des pierres, appelle *pierre nichia* une espece étrangere de lumachelle. Il la décrit ainsi au chap. 33. C'est en Orient que se trouve cette pierre nichia. Sa couleur varie souvent, tantôt noire, tantôt blanche, *&c.* C'est une pierre très-dure et susceptible d'être polie. On dit qu'on en trouve de grands blocs à Rome.

Il y a encore une autre sorte de lumachelle que le même auteur décrit au chap. 20, et qu'il appelle pierre pouilleuse. Elle est d'une couleur grisâtre et toute marquée de petites veines noires et blanches, qui forment un mélange bizarre et plaisant. C'est l'opinion des antiquaires que l'on tire de cette pierre de l'Orient, comme le prouvent différens morceaux de colonnes qu'on a trouvés dans les ruines de Rome. J'en ai même vu une colonne entiere rompue. Je conserve dans mon Museum différentes especes de lumachelle qui sont très-belles et qui viennent de l'Italie et autres endroits. La seule Toscane, si l'on vouloit y faire bien attention, pourroit en fournir une quantité prodigieuse.

COLONNES SÉPULCRALES, OU PIERRES ACHÉRONTIQUES.

JE ne trouvai dans le château de Treggiaia rien de remarquable qu'un morceau de marbre de carrara, réduit avec le cizeau à la forme d'un cône, ou de conoide ; parce que la surface n'en est point platte , mais un peu convexe. Il en est ainsi de la base qui a une saillie , ou avance autour de la base ; il y a encore une espece de frange en bas relief, divisée en quatre parties semicirculaires , avec du feuillage et des ornemens d'un dessin médiocre , comme on peut s'en convaincre pas l'inspection de la gravure qui en a été faite. Je ne doute nullement que cette pierre ne soit une ruine antique, et qu'elle n'ait été employée pour servir de colonne sépulcrale ou pierre achérontique. Elle ressemble à celle qui est représentée par le célebre Prévôt Gori , tom. 3e. de son Musée Toscan fig. 2, plan. 16 , *seconde partie.*

J'ai vu encore de pareilles pierres à Montefoscoli et à Morron. Mais sans m'arrêter à discourir sur l'usage de ces pierres acherontiques, matiere qui a été traitée au long par M. Passeri et le même Prévôt Gori , tom. 3e. du Musée Toscan , je me contenterai de rapporter quelques anecdotes concernant celles de ces pierres qui ont été trouvées dans d'autres lieux.

Dans les annales de Pise de Jacobo Arrosti, manuscrit que j'ai vu à Livourne chez M. Federigo Vernacci , on rapporte à l'article de l'année 1638 , que ce fut à cette époque que l'on commença à construire des bastions pour fortifier la ville de Pise. En creusant pour poser les fondements de celui de Saint Lazare , hors de la porte de Luques , et en formant le fossé qui l'environne , on trouva sous la terre à une profondeur d'environ trois coudées, un grand nombre d'urnes avec des cendres ; et à côté de chaque urne , il y avoit un terme de pierre blanche. Un de ces termes avoit son diametre d'une coudée et un quart ; mais les autres n'approchoient point de cette grandeur. On y trouva aussi une tête de Jupiter avec d'autres matériaux et pierres qui représentoient des paons, et du platras d'une beauté si singuliere qu'il paroissoit être de la pierre mixte. Cette même année on donna tous ces antiques à Luc *Pfaut* , marchand Allemand , qui les envoya dans sa patrie ; mais ce terme d'une grandeur si demesurée, se trouve maintenant dans l'encoignure de la façade de Saint Lazare , enfoncé à moitié dans la terre. Le lieu où l'on trouva ces antiques, étoit hors de l'ancienne Pise, et près des Termes et du Laconico.

VOYAGE DE CAMUGLIANO AU MONT FOSCOLI.

MERCREDI 3 octobre, je partis de Camugliano pour aller à la montagne de Foscoli, et je fis la moitié du chemin par la route Militaire, qui conduit de´Pise à Volterre.

Après avoir marché environ un mille, j'arrivai à Capannoli, village charmant, divisé en bourgades, qui étant situées sur les éminences de la colline de Saint Pierre, jouissent d'un air très-sain, et offrent une vue délicieuse de la plaine d'Era, renfermée dans un amphithéâtre de collines.

Je traversai ensuite la plaine d'Era qui est extrêmement fertile ; puis je montai la colline de mont Foscoli. A droite de la route, à la distance de trois cens coudées et sur une hauteur, il y a une maison de travail appartenant aux peres Jésuites de Florence, avec une petite chapelle, appellée l'abbaye du Soudan.

Au´ commencement de la route pavée, je vis un champ de marne très-peu fertile et si rempli de coquilles en forme de peignes qu'il paroissoit couvert de neige. Plus haut

il y a des champs de tuf pulvérisé, dans lesquels il se trouve beaucoup de rocailles.

On rencontre encore sur cette route des
précipices, des ruines de tuf qui laissent voir
une infinité de lits très légers, séparés l'un
de l'autre par certaines interstices de tuf
pétrifié de couleur de rouille et formant des
pierres très-minces.

Au dessous de la maison de la ferme de
la Volpaia, appartenant à M. le docteur
Vaccà, médecin des communautés de Ponsacco et Camugliano, la route est creusée
dans le tuf en maniere de fossé avec des
bords très-élevés. J'y remarquai un lit horizontal de grosses pierres, de figure diverse
et bizarre, semblable à celles des pierres du
ruisseau des merveilles dans le territoire de
Bologne, décrites par Ulysse Aldovrando ;
mais particulierement à celles qu'il appelle :
*panis similagites, orchites major, triorchi-
tes. . . . &c.* c'est-à-dire, qu'elles représentent de grosses cosses, des citrouilles, des
courges bonnes à frire et autres fruits semblables. Leur pâte pierreuse est composée
plutôt de craie que de sable de couleur de
cendre avec des écailles de talc luisant, des
brisures de rocailles, mêlées d'éclats de bois

et de charbon fossile. Elles ne sont pas très-dures ; mais cependant d'une substance très-dense et très-lourde. Dans la partie inférieure, elles ont des enfoncemens qui représentent des morceaux de rocailles, sur lesquels il est vraisemblable qu'elles se sont pétrifiées. Dans la couche, elles ne se touchent point l'une et l'autre ; mais elles restent isolées et placées à quelque distance. Quelques-unes, après avoir perdu le tuf avec lequel elles étoient amalgamées, se sont éboulées dans le milieu du chemin.

RÉFLEXIONS SUR LA CONFORMATION DES LITS DE TUF.

AVANT d'arriver au mont Foscoli, je voulus voir la source principale du lieu, vers laquelle on monte par un chemin qui commence en face de l'église de Saint Bastien. Ce chemin est vraiment pittoresque, et il est impossible de s'en former une idée sans l'avoir vu. Il est large de plus de trois coudées, très-incliné ; et des deux côtés il a des bords de tuf très-élevés, coupés sur une ligne parfaitement perpendiculaire, et s'élevant à la hauteur de trente coudées. Le

sommet

sommet est couvert de buissons ; c'est ce qui fait que ce chemin au premier coup d'œil paroît être une caverne.

On y découvre beaucoup de lits de tuf divisés par des couches de coquillages, et en différens endroits, par des lits de tuf pétrifié avec les coquillages qu'il renferme, et qui, dans la partie inférieure, sont couverts d'impressions d'autres coquillages. Ce qu'il y a de plus remarquable, c'est que le sable qui compose ces lits de tuf, n'est point étendu sur un plan uni comme le seroit celui d'une riviere ; mais on y distingue des divisions, ou des bords perpendiculaires : de même que si l'on prenoit des mottes de terre à brique réduits en gros cubes et lorsqu'ils commencent un peu à sécher qu'on les entassât les uns sur les autres en forme de planchers et serrés fortement les uns contre les autres, de maniere qu'il ne restât aucun vuide dans le milieu. Il est certain que quand ces cubes seroient parfaitement secs, on pourroit plus facilement les séparer du côté où ils se touchoient que d'aucun autre ; et l'on s'appercevroit que la plûpart auroient changé leur figure pour en prendre une approchante de la pyramide. Je ne prétens

Tome I.   F

cependant pas dire que ces lits de tuf se soient formés de cette maniere ; mais en suivant avec attention la trace des divisions qu'on y remarque , on peut décomposer un de ces lits et le réduire aux grosses mottes dont il est formé , et que je n'ose appeller masses. Ces mottes sont de différentes figures : les unes représentent des coins , les autres des pyramides , d'autres des parallelipipedes et autres semblables solides. Toutefois il ne faut point s'attendre à trouver dans ces figures une exactitude mathématique : car leurs angles sont inégaux et leurs faces souvent courbes et convexes. Entre chacune de ces grosses mottes, s'insinuent d'une maniere bizarre les racines des plantes, qui n'ayant point assez de force pour pénétrer dans l'intérieur des mottes mêmes , s'étendent par les interstices que laissent leurs jonctions et y forment une espece de filet, ou même de toile composée de fibres radicales qui les enveloppe et les serre étroitement , et absorbe le peu d'eau du ciel qui peut s'être écoulée entre chaque motte. Ces racines en s'accroissant continuellement et ne séparant de plus en plus les lits entre lesquels elles se trouvent, font souvent fendre le tuf et le font écrouler.

Voyage du mont Foscoli a Palaia.

Du mont Foscoli je m'en allai à Palaia. J'exécutai ce voyage sans quitter la croupe de la colline et je passai d'abord à travers une vaste campagne, composée entierement de craie ou mattaion mêlée de différens coquillages, mais d'ailleurs absolument stérile. Comme cette campagne me parut n'être autre chose que la surface d'un lit immense de craie ou mattaion, je voulus m'y arrêter quelque tems, afin de pouvoir me mettre en état d'en examiner la conformation.

Réflexions sur la formation des lits de Craie.

Je fus assez heureux pour découvrir que ce vaste lit horizontal de craie étoit divisé en autant de mottes ou solides qui approchent de la figure d'un parallelipipede. Sur les faces perpendiculaires, elles portent une légere croute ou crépissure d'un jaune clair : mais en dedans elles ont la couleur de cendre qu'a ordinairement l'argile ou la craie.

Dans la petite fente ou interstice qui se

trouve entre les mottes de mattaion , on trouve souvent des lames de pierre transparente , que les Naturalistes appellent selenite.

Près du Mont Foscoli , j'en trouvai une petite quantité bien conservée. Elle étoit disposée en tablettes legeres , composées de petites cristallisations taillées en forme de demi-lentilles qui se fendoient horizontalement et formoient des lames très-minces. Mais la plus grande partie étoit farineuse , aisée à réduire en poudre blanche , et rude comme celle du marbre. Dans une biancane qui est au levant de la Montacchita, on trouve beaucoup de sélénite de la figure d'un prisme rhomboïdal à dix faces et qui pese jusqu'à deux onces. On en fait de très-bon plâtre en la calcinant sur un feu léger.

Mais revenons à la formation des lits d'argille et de craie. Il est évident qu'ils ont la même structure que ceux du tuf. Je ne sais point si les causes qui les ont ainsi formés ont été les mêmes ; mais je le croirois sans peine. Je suis cependant persuadé que le mattaion dans son état primitif et naturel, a un degré quelconque de pétrification , mais pourtant moins efficace que celui du tuf ; que la croute jaunâtre a été ainsi imprégnée par quelque agent inconnu ; peut-être par un liquide ferrugineux qui n'existoit pas d'abord dans le corps de la motte, mais qui s'y est introduit du dehors, et lorsque la masse étoit déjà formée. Car cette couleur plus chargée et plus sombre à l'extrémité, s'éclaircit et s'affoiblit insensiblement, à mesure qu'elle approche du centre ; exactement comme nous l'avons rapporté au sujet des pierres serenes de la Golfoline. J'en donnerai une preuve plus complette, en parlant des lits de mattaion qui se trouvent dans la descente du moulin de Peccioli.

VOYAGE DE PALAIA A TOIANO.

DE Palaia je passai à Toiano. Dans ce voyage je fus parfaitement à portée de juger du ravage que produisent les eaux sur les collines. Des deux côtés de la route s'offroient à ma vue des précipices si profonds, si vastes et si tortueux qu'ils étoient capables d'inspirer de la frayeur à l'homme le plus intrépide. Ces précipices ont ordinairement la forme de grands amphithéâtres ; leurs parois sont nus, taillés à pic et cannelés de diverse maniere. Dans le fond il se trouve un parterre , ou arêne presque unie , cultivée en forme de champ, ou de vigne ; ce qui diminue infiniment l'horreur de ces précipices, sur-tout lorsque les ruines de tuf sont en partie couvertes de pins sauvages, d'yeuses, de chênes, de charmes , &c. L'aspect de ce terrein est si bizarre et si pittoresque, que j'en ai été plusieurs fois émerveillé.

PIERRES IDIOMORPHES.

PARMI les magnifiques pétrifications que je rencontrai ce jour là , je choisis les suivantes pour en orner mon Museum.

Une pierre aquiline appellé *aëtites* par les Naturalistes , de la grosseur d'un œuf de pigeon, un peu applatie comme seroit un caillou ordinaire de gravier, couverte au dehors, ou même crépie avec un sable menu et d'une couleur brune et en partie avec un sable plus gros. Elle a le callimo ou noyau entierement libre et détaché ; ce qui fait qu'elle rend un son aigu lorsqu'on la frape. Mais je parlerai bientôt et plus au long de cette sorte de pierre en décrivant celles que je trouvai sous l'abbaye de Morrona.

Des amas pierreux, qui originairement

sont de la même nature que la pierre œtite, c'est-à-dire, formés de lames minces et concentriques de matiere ferrugineuse. Leur figure extérieure est semblable à celle du gravier de riviere, leur couleur est un jaune foncé, et en quelques endroits ils sont couverts de verrues noirâtres et ferrugineuses. En examinant un d'eux qui est ouvert par le milieu, j'ai trouvé qu'il étoit formé comme le bezoar, d'une infinité de lames concentriques et paralleles, dont l'une couvre et renferme exactement l'autre ; mais cependant elles se séparent très-aisément. Sur la superficie intérieure, c'est-à-dire, vers le noyau, les lames sont d'une couleur sombre ; mais elles s'éclaircissent à mesure, de maniere qu'à la surface intérieure elles sont jaunes. La pâte dont ils sont composés, est ordinairement fine et ressemble à de la craie. J'en ai cependant trouvé d'une matiere sablonneuse et mêlée d'écailles de talc, surtout dans les lames, ou croutes plus extérieures. D'autres enfin ont une croute formée de sable et de fragments de coquillages qui s'est attachée et comme incorporée à eux par dehors. Dans un de ces amas les lames ne se touchent pas parfaitement bien

F iv

et laissent entr'elles un intervalle ou vuide qui forme une bosse.

Il y a beaucoup de ces grouppes ou amas qui je crois ne se sont point réunis après s'être durcis ; mais au contraire ils se sont ainsi formés en grouppe par le dépôt de la matiere des lames qui a eu lieu au même instant sur plusieurs noyaux , ou centres contigus. Car je remarque qu'une même feuille est souvent continuée et sert à tous les noyaux.

Des grouppes de semblables lames ferrugineuses qui ne sont point destinées à couvrir un noyan , mais qui sont ondoyantes, tortueuses et remplies de concavités , renferment entierement des cailloux et du gravier d'une nature toute différente et outre cela de petites mottes de terre , ou ferme , ou friable, ordinairement jaune, et qui vraisemblablement n'a point été pétrifiée par la même cause qui a réduit la croute en pierre. Les amas de cette croute pierreuse qui renferme de la terre , sont appellés par les Naturalistes *lapis geodes*. Mais l'idée que les écrivains en donnent est très-confuse.

Il y a des lits pierreux formés de menu gravier et de petites mottes de cette terre jaune dont nous venons de parler, qui s'est trouvée ainsi enfermée , quand la pétrification du lit entier a eu lieu. Au côté exposé aux injures de l'air , la terre a été détachée et emportée par les eaux, et a laissé vuide l'espace qu'elle occupoit d'abord. La même chose se remarque dans les pierres geodes. C'est ce qui fait qu'on en trouve aussi qui ont des concavités comme les autres.

Il y a d'autres amas qui ressemblent à l'extérieur à ceux que nous venons de décrire ; mais qui dans l'intérieur sont construits tout différemment. Ils sont traversés suivant différentes directions par des cloisons, ou lames minces et de différentes couleurs, c'est-à-dire , ou ferrugineuses , ou rouges , ou bleuâtres. Les cellules ou vuides formés par ces cloisons sont remplis de terre jaune, ou rouge , ou blanchâtre qui n'est pas pétrifiée entierement ; ou qui n'a acquis qu'un dégré de pétrification pareil à celui des séparations, ou enfin qui est devenue une pierre plus dure.

Du premier genre sont principalement les amas à croutes dont les cloisons sont ferrugineuses et le remplissage jaune. Ceux-ci par quelque accident, ou quand ils sont exposés à l'air se déchargent de la terre qu'ils contiennent et ne servent plus alors que de séparation. Dans le second cas il se forme des grouppes qui paroissent en quelque sorte rompus et ressemblent à quelques especes de marbre mélangé et à rezeaux, selon la couleur des ingrédiens dont il est composé. Dans le troisiéme cas la croute moins dure, qui est ordinairement de la couleur de la pierre à crayons qui sert à dessiner, s'amollit et se détache; et alors les remplissages de pâte, ou cendrée, ou blanchâtre qui conservent à leur surface quelque portion de croute, restent libres et se trouvent épars dans le terrein. J'ai cru m'appercevoir que dans quelques-uns d'eux, les lames qui composent les cloisons étoient doubles. D'autres grouppes se forment aussi de ces deux différentes manieres, c'est-à-dire, indistinctement avec des lames concentriques, ou des séparations; et conséquemment se décomposent aussi de deux manieres. La description du *lapis ostracites* du Césalpin, répond parfaitement bien à l'explication que nous venons de donner des grouppes divisés en cellules.

Entre ceux du premier genre, c'est-à-dire,

à feuilles concentriques, j'en ai choisi quelques-uns qui ont cette particularité, que s'ils
pouvoient acquérir quelques dégrés de plus
de dureté et une couleur variée, ils ressem-
bleroient parfaitement à ces amas que depuis peu de temps on s'est mis dans l'u-
sage d'apporter du Levant sous le nom de
cornalines d'Egypte, quoique ce soient plutôt
des jaspes. On en fait de très-belles boëtes,
pommes de cannes, &c. Je présume que ces
cailloux d'Egypte ne se sont point écornés
dans les fleuves, mais plutôt qu'ils ·ont formés comme les nôtres et plus durs. J'en con-
·serve dans mon Museum quelques-uns qui
sont tout impregnés à la surface, de débris de coquillages, parmi lesquels ils se
·sont sans doute pétrifiés.

Ces cornalines, ou dendrites d'Egypte, se
trouvent en grande quantité dans une campagne entre le grand Caire et le désert sur
la route de Suez à une et deux journées de
distance du Caire, comme l'a marqué Moyse
Cafonto dans ses voyages , et le célébre
Thomas Shaw. Voyages tom. Ier. pag. 82.

Si je me suis toujours servi du mot ferrugineux, en décrivant la croute des pierres étites
ou geodes, ce n'est pas tant à cause de quelque

ressemblance de couleur qui peut s'y trouver, que parce qu'il entre dans la composition de cette croute , beaucoup de fer que l'on peut aisément distinguer à la vue , et que l'on sépare sans peine avec l'aimant. Le fer est indubitablement une des causes qui concourent à produire les pétrifications que l'on rencontre dans les collines et même dans les montagnes. Dans les collines on le reconnoît aisément, et il se laisse voir ou sous sa propre couleur, ou sous une couleur jaune et rouge. Il se tient le plus souvent entre les lits de tuf, et c'est-là qu'il a formé les susdites pétrifications et autres semblables , ou qu'il a fait pétrifier de distance en distance en forme de carreaux, une lame du dos du lit sur lequel il étoit posé. On trouve de côté et d'autre une grande quantité de ces croutes ou lames ferrugineuses. Je ne saurois dire cependant d'où est venu cette prodigieuse abondance de fer , ni sous quelle forme elle se produit , ni même si c'est-là qu'elle se produit. *Lapides margam continentes* Aldrov. Mus. Metall. pag. 223 , sont des geodes. Quant à la formation des pierres ætites geodes et autres substances ferrugineuses semblables , on peut lire ce qu'en a judicieusement crit le docteur Joseph Baldassari, pag, 60 et suivantes de sa savante relation des eaux minérales de Chianciano.

A un demi mille avant d'arriver à Toiano, on trouve une colline élevée que l'on appelle le vieux Toiano ; parce que l'on prétend que c'étoit là jadis que le château étoit bâti. Et en effet on y remarque des fondements d'édifices , une quantité prodigieuse de morceaux de brique et des platras. Il y a aussi plusieurs lits horizontaux de diverses grandeurs de gravier de différentes couleurs, mêlé de beaucoup de coquillages, et qui forme une masse de pierre mais spongieuse. Sur le dos de ces lits traversés d'autres lits de tuf , étoit situé le château.

Aux environs de cette hauteur, on trouve une quantité innombrable de cailloux , ou cogoles des formes les plus bizarres qui sont plongées dans le tuf. Ils représentent diverses files de boulettes, fruits , &c. semblables à celles du ruisseau des merveilles fameuses dans le territoire de Bologne et qui sont composées de sable grossier avec des fragments de rocailles.

RÉFLEXIONS SUR LA FORMATION ET LA NATURE DES COLLINES.

Du Toiano vieux et moderne, je découvris une immense étendue de pays, dont la vue me mit à portée de reconnoître que les cimes des plus hautes montagnes que l'on découvre d'ici, sont, à l'exception de celles de Volterre, toutes d'un même niveau qui s'étend dans une espace immense, et est seulement borné par les montagnes de Saint Vivaldo, de Caporciano, de Montevaso, de Pise, de Pistoia et d'Artiminio. Ce niveau paroît exact à la vue, mais il ne faut pourtant pas s'imaginer y trouver une perfection et une exactitude mathématiques. Car parmi ces cimes qui se réunissent toutes sous une même ligne, il y a une infinité de cavités et d'enfoncements produits par les eaux du ciel et des fontaines qui se rassemblent et forment des torrens. Si l'on pouvoit dresser une carte idrographique des collines de Valdesa et de Valdera pour indiquer les sinuosités et les creux formés par les torrens qui portent leurs eaux dans l'Alliena, la Staggia, l'Elsa, l'Evola, la Cecinella, le Roglio, l'Era et la

(95)

Cascina , on en tireroit un grand avantage dans l'Histoire Naturelle , pour connoître quels changemens considérables sont capables de produire sur le globe terraqueux les eaux qui le couvrent. Mais il est presque impossible de s'en procurer une exacte, à cause de la division sans fin et des sinuosités des canaux et des précipices si considérables et si nombreux qu'ils forment sur les collines.

Je fis sur ce lieu une autre observation qui n'est peut-être pas à dédaigner. Je crus avoir découvert qu'en tirant une ligne imaginaire qui réponde presque au méridien de Toiano, et coupe les collines de Valdera et de Valdesa en deux parties, la partie qui est au couchant se trouveroit entierement composée de tuf. Il est vrai pourtant que de place en place il y a beaucoup de lits et de masses de mattaion ; mais le terrein qui y domine le plus est de tuf ; et il est fertile non-seulement en grains mais en fruits.

Les collines qui renferment des terreins de tuf , joignent encore à l'avantage de la fécondité, l'agrément d'une vue délicieuse. Les vignes y réussissent aussi bien que les oliviers et autres arbres à fruit. On y voit de distance en distance des parties considérables

de bois touffu et épais, et en général une
grande abondance d'herbages pour la pâture des bestiaux. Les précipices mêmes perdent en plusieurs endroits leur horreur naturelle. L'industrie infatigable des habitans
parvient à en faire des vignobles. Outre
cela dans les collines de tuf, on trouve aisément des lits pierreux qui sont très - utiles
dans les bâtiments. Il y a aussi des eaux
assez saines. Enfin les collines de tuf sont
plus peuplées et il s'y trouve plus de châteaux que sur celles de mattaion. J'ai même
observé que les premiers qui ont choisi les
lieux pour bâtir , ont préféré le tuf au mattaion pour les raisons ci-devant expliquées,
et parce qu'il est plus propre aux édifices.
Si l'on examine d'ailleurs la situation de
ce petit nombre de châteaux qui se trouvent dans des campagnes de mattaion, on
verra qu'ils sont presque toujours placés sur
un amas de tuf le seul qui se trouve dans
l'endroit, ou bien sur des lits de quelque
sorte de pierre.

Les collines du tuf se détruisent dans le
même espace de temps beaucoup moins que
celles de mattaion. Car les masses de tuf
étant plus dures, les eaux du ciel n'imbibent

et

et ne détachent que la partie que l'air a réduite en poudre ; mais elles ne pénétrent
point dans l'intérieur. Outre cela les précipices , et enfoncements qu'elles produisent
dans le tuf sont ordinairement perpendiculaires. C'est-à-dire , que quand les eaux qui
s'y introduisent, minent la partie inférieure
qui sert de base à un amas de lits , alors les
grosses mottes qui composent ces lits, et qui
étoient placées sur cette base , se détachent
et se séparent de celles qui les avoisinoient.
Elles s'écroulent précisément comme feroit
une muraille , et se portent précipitamment
vers l'endroit où la pente est plus inclinée.
Dans les grottes de Saint Just à Volterra , il
y a des monceaux énormes de tuf, qui après
l'écroulement , se sont trouvés rester droits
en forme de tour, et qui excitent l'admiration.

Ensuite la partie des collines qui se trouve
au levant de la ligne imaginaire, est entierement composée de mattaion, ou, pour mieux
dire, de craie. Le mattaion differe du tuf, non-
seulement pour la couleur , le grain et la
formation de ses lits, telle que nous l'avons ci-
devant décrite; mais encore parce qu'il se laisse
plus aisément imbiber par les courants d'eau.
Il a, comme je l'ai déja remarqué, un plus

léger dégré de pétrification dans ses lits naturels, et il est composé de parcelles plus
menues et plus farineuses que celles du tuf
qui se conglutinent ensemble, et ne permettent pas si facilement l'accès aux petites racines des plantes.

Les précicipes du mattaion, formés par les
eaux de pluie, ne sont point perpendiculaires comme ceux du tuf ; à l'exception de quelques endroits où les fleuves
minent les fondemens, et font tomber des
morceaux énormes de lits de mattaion, comme fait dans Valdelsa le petit fleuve Alliena
sur la colline de Certaldo ; mais alors ils sont
toujours en pente et divisés en une infinité de
côtes tranchantes, qui sont elles-mêmes inclinées. Cela provient de ce que la surface s'aug-
mentant toujours dans les précipices, elle
offre aux eaux du ciel plus d'espace à miner.
En conséquence elles forment de la même
maniere, d'un seul précipice, mille et mille
précipices qui décroissent progressivement et
sont séparés les uns des autres. Ils sont composés de deux plans inclinés qui se réunissent à la partie supérieure, et forment une
côte tranchante, qui est elle-même inclinée.
Dans des temps de sécheresse, ces précipices

sont remplis de fentes et de crevasses, produites par l'adhérence réciproque des particules dont ils sont composés. Il s'ensuit,
que chaque année, la surface des collines de
mattaion s'accroît considérablement ; et conséquemment les eaux en minent chaque
année une croute toujours plus grande. Et
réellement ces mêmes collines sont infiniment plus basses que celles de tuf. Il suffit
de les voir pour s'en convaincre. A Toiano,
à Monona , sur le chemin de Laiatico , au
petit Hôpital et à Saint Just de Volterra , il
y a des campagnes immenses de mattaion
que les paysans appellent blanchâtres , et où
l'on peut observer la figure bizarre que présentent les endroits qui ont été minés. L'inspection en fera mieux comprendre la nature,
qu'aucune description.

Le mattaion ébranlé et détaché de sa
masse, s'imbibe d'eau, et la retient beaucoup
plus que le tuf. Delà vient que les routes
percées dans le mattaion se séchent difficilement, et même deviennent impraticables
dans les temps de pluie, parce que les hommes, aussi bien que les animaux, ne peuvent
pas s'y soutenir, et font, comme on dit vulgairement, un pas en avant et deux en arriere.

On trouve dans le mattaion infiniment
plus de coquillages fossiles, que dans le tuf.
On en trouve même souvent des espaces immenses qui rendent le terrein entierement
stérile , et sur-tout quand les eaux du ciel
ont emporté la terre et seulement laissé les
coquillages à découvert.

L'eau de fontaine et de puits dans les terreins de mattaion , n'est pas ordinairement
fort bonne, parce qu'elle porte une mixtion
de terre. C'est sur ce sujet que Pline a écrit
avec beaucoup de jugement : l'eau est toujours fade dans la terre argilleuse , c'est-à-
dire , le mattaion ; et plus insipide encore
dans le tuf. M. le docteur Joseph Baldassari
a fait les observations suivantes au sujet
des collines du Siennois : on voit ici peu
de fontaines , encore n'est-ce que dans les
lieux où elles traversent les lits du tuf dur
et massif. Leurs eaux sont épaisses, lourdes,
salées , et peu saines. Si on y infuse de
l'huile de tartre , elles deviennent extréme-
ment laiteuses. Quelques-unes ont, quand on
les goûte , quelque chose de gras et d'onc-
tueux ; parce qu'en passant par les souterreins , elles se sont fortement imprégnées d'argille, terre fort grasse, et qui, quand

on la tient dans la bouche, ressemble à une espece de suif ou de savon. » Quoique l'u-
» sage en soit peu sain en raison de la
» difficulté de leur passage à travers les vis-
» ceres et des obstructions qu'elles y occa-
» sionnent, je crois cependant, qu'elles pour-
» roient être très-propres à la préparation
» d'une eau médicinale et artificielle, faite à
» l'imitation de celle des bains de Caroli-
» ne, &c. » Et qui sait si la plupart de ces eaux de bains, sur-tout les savoneuses, ne sont pas de la même espece.

Le mattaion le plus gras et le plus onc-tueux, si je peux parler ainsi, c'est-à-dire, celui qui, sec, ou humide, paroît tou-jours onctueux et retient l'eau le plus long-temps, répond à ce genre de fossile que les Français appellent marne, et dont en France et autrepart, on se sert avantageusement pour engraisser les terres. Dans mes observations sur l'agriculture Toscane, où j'ai mis en évi-dence la théorie du régime des terres, j'ai fait voir que les Français, par cette méthode utile, n'ont d'autre vue que de diviser suffi-samment le terrein, pour le rendre pénétrable à l'humidité et aux racines des plantes. La marne est un engrais excellent pour les terreins trop legers, trop sablonneux et trop secs. Et réciproquement le sable et le tuf décomposé, servent de correctif aux terreins trop gras, trop visqueux et qui se séchent difficilement. M. le Marquis Robert Pucci a essayé de faire ainsi mettre du mattaion dans le sol maigre et sablonneux de quelques terres de sa ferme d'Uliveto, dans le Valdelsa, et il a retiré de grands avantages à peu de frais. Un exemple fameux doit encourager nos compatriotes à recourir à un semblable expédient, pour augmenter la fertilité des terres, sur-tout dans les pays à collines, où le tuf et le mattaion se rencontrent en abondance.

LE BAIN DE BACCANELLA.

APRÈS avoir passé le torrent Tosola, je rencontrai à main gauche une petite église appellée Notre-Dame de Baccanella. Baccanella, soit dit en passant, signifie petite auberge, ou cabaret. A cent coudées plus loin, à gauche de la route, dans une terre de M. Bianconi, gentilhomme Pisan, qui est composée de tuf putréfié comme tout le reste de la plaine de Roglio ; on voit au niveau

de l'autre terrein, un espace rond d'une couleur blanche, et qui, au premier coup d'œil,
paroît être une aire à battre le grain.

Sur cette plage unie , il y a deux trous
assez profonds où deux hommes peuvent
tenir de bout. L'un des deux qui est le plus
grand , laisse voir sur ses bords un sol
composé de cette sorte de sable répandu
sur la plage contigue ; et au dessous on
apperçoit un lit de mattaion. Dans le fond
il y a une marre d'eau dont le niveau ne
varie jamais, et qui sort avec impétuosité par
cinq trous différens , en poussant des bouil-
lons qui s'élevent l'un au-dessus de l'autre précisément comme fait l'eau bouillante. Néanmoins en l'éprouvant au thermometre , elle
s'est trouvée froide. Mais agitée par la pluie
ou par quelque morceau de mattaion, elle
bouillonne en sortant. Il y a encore dans le
fond de ce trou, d'autres petites ouvertures
d'où sortent quelques autres filets d'eau mêlée
de beaucoup d'air. De quelques fentes qui
sont dans le mattaion , il sortoit au lieu de
vent, un air fétide. J'ai fait remuer avec une
bêche le terrein d'où sortoit ce vent , et je
n'ai plus trouvé ensuite ni vent ni eau.

Cette eau recueillie dans un verre de crystal,

étoit trouble et conservoit cette odeur fétide qui se faisoit sentir d'assez loin. Au goût elle étoit acide, semblable à l'acidula décrite par Césalpin, et qu'en 1732, je remarquai en deux différens endroits dans le lit du fleuve Castro près de l'Arezzo. Je ne saurois déterminer précisément le dégré de cet acide. On le sent ; mais il ne cause aucun engourdissement, ni agacement de dents, comme le vitriolique. Il ne laisse aucune âcreté dans la gorge, comme l'alumineux. Il provient sans doute, de l'acide minéral mêlé avec d'autres substances qui me sont inconnues; et de ce mélange il résulte un je ne sais quoi de semblable au souffre ; mais cependant différent à plusieurs égards, autant que je l'ai pu découvrir depuis dans les différentes eaux qui se trouvent dans le territoire de Volterra, et qui sont évidemment sulphureuses. J'y infusai de l'huile de tartre et l'eau devint blanche comme du petit lait coulé, sans faire d'ébullition; et elle prit un goût d'urine très-âcre, presque comme celui d'esprit de sel ammoniac. J'y infusai de l'huile de soufre, elle prit un goût plus acide ; mais elle ne changea point de couleur. Enfin j'y infusai quelques gouttes d'esprit de vitriol;

elle ne changea point de couleur et n'eut point d'ébullition ; mais elle prit un acide si fort qu'il m'agaca les dents. J'y tins plongé pendant quelque temps, une piece d'argent; mais la couleur n'en fut point du tout altérée. .

A la surface de certains cailloux qui étoient par hazard dans les deux trous , je remarquai une saillie irréguliere de matiere friable d'une couleur tirant sur le jaune et le verd, et qui portée à la langue , se fondoit en partie, et laissoit un goût acide , égal à celui de l'eau. Cette matiere n'est point dépendante des pierres qui sont d'alberese ; mais elle s'y est évidemment déposée. On trouve de semblables saillies dans certains endroits des bords de ce trou et de l'autre, dans lequel il n'y avoit point d'eau.

Le sable blanc répandu , comme je l'ai dit , sur les bords de ce bain , a la même odeur fetide que l'eau. Pour en avoir pris dans la main, ainsi que de la vase du bain, il m'en resta toute la journée une odeur désagréable que je ne pus faire passer quelque chose que je fisse.

Dans un champ de l'autre côté de la route , on trouve une portion de terrein couvert de ce sable fétide, semblable à celui du bain, mais il n'y a point d'eau.

On m'a dit que dans le lit du torrent To- sola, sous Forcoli, on voit une longue suite de sources d'eau froide, qui jette des bulles d'air, exactement comme si elle bouilloit.

HISTOIRE DE SOIANA.

A la distance d'environ un mille, je laissai à main droite Soiana château très-considé- rable, qui dépendoit autrefois de l'abbaye de Morrona qui en est voisine, et dont fait mention en 1121, un manuscrit en par- chemin publié par M. Muratori. En 1289 il fut encore repris par le comte Guido de Montefeltro. Vraisemblablement Soiana sui- vit depuis la destinée de Pise, et il ne s'y passa plus rien de mémorable, si ce n'est lorsqu'après avoir été enlevée aux Florentins, par les alliés des rebelles de Pise, elle se rendit célébre par le siége qu'elle soutint courageusement en 1496, contre l'armée Florentine.

Coquillages fossiles.

En suivant la route de Morrona, en ligne directe de Soiana, je trouvai une quantité de coquillages si considérable, qu'elle peut satisfaire la curiosité de qui que ce soit. Ils étoient disposés en lits horizontaux ; mais ce seroit entreprendre un ouvrage sans fin, que d'en vouloir décrire toutes les différentes sortes. Je ne veux cependant pas omettre de parler d'une certaine espece qui, à mon avis, est si singuliere, qu'elle peut seule suffire pour convaincre les esprits obstinés, s'il y en avoit encore, qui doutassent que les coquillages fossiles ont été autrefois des coquillages de mer.

L'espece dont je veux parler, est un limaçon trochiforme qui ressemble en grande partie à celui qu'a décrit M. Gualtieri, Test. conch. ind. tab. 63, M. Il a le dos convexe et tranchant et tout marqué de lignes, ou de bandes rouges serrées les unes contre les autres. Il y a de ces limaçons qui ont ces lignes d'un rouge si foncé et si vif, qu'on croiroit qu'ils ne font que de sortir de la mer. Il est donc vraisemblable que le terrein où ils se sont enfoncés , n'avoit point un mélange de sel corrosif assez fort , pour effacer la couleur de cette espece de coquillage, ou qu'elle est si foncée et si fortement empreinte, qu'elle a ré isté à son action. Ce n'est cependant pas la seule espece de coquillages fossiles qui aient conservé leur premiere couleur. Dans les recherches que je fis durant ma jeunesse , sur les collines de Valdelsa , et même dans ce voyage-ci , j'en ai recueilli qui ressemblent à celles qui ont été représentées par M. Gualtieri : savoir *Cochlea Conoidea* tab. 21 , O. *Cochlea* tab. 67 , Q. F. *Pectunculus* tab. 74. N. O. *Balanus* tab. 106 , E. le célebre M. Gmelin au tom. troisieme de son voyage en Siberie, rapporte aussi avoir trouvé dans certaines montagnes, ou collines situées dans la vallée du fleuve Jenisée de Sibérie , une quantité infinie de coquillages fossiles , parmi lesquels il s'en trouve un grand nombre qui ont conservé leur couleur naturelle.

RÉFLEXIONS SUR LA FORMATION DES LITS DES COLLINES.

ENTRE le levant et le midi de Morrona,

on voit un vaste espace de campagne de mattaion, entierement dénuée de plantes et d'habitations, et remplie de dégradations et d'éboulements, comme le sont ordinairement ces sortes de terreins. Elle ressemble à un lac immense de cendre, bordé de distance en distance de collines de tuf.

De la maison du seigneur qui domine presque toutes les collines , on découvre une vue magnifique. Je remarquai à Toiano , que les plus hautes cimes de ces collines , se réunissent toutes sous un même plan. Néanmoins entre le couchant et le midi , les collines ont très-peu d'étendue , parce qu'elles sont bornées par les flancs d'une vaste et haute chaîne de montagnes , qui commence de Casciano et s'étend jusqu'à la Castellina. Les différens torrens qui la minent, y ont formé une infinité de précipices qui y font autant de divisions , et qui y prennent autant de noms différents. Les endroits qui avoisinent Morrona, sont la colline de Montanino, la montagne de Chianni , de Rivalto et le mont Vaso. Ces montagnes sont couvertes presque par-tout, de vastes et superbes forêts.

Le court espace de colline qui reste entre Morrona et les flancs de ces montagnes ,

est composé en grande partie de mattaion,
et cet amas de mattaion est adossé aux
flancs des montagnes , sans aucune séparation , de maniere qu'au point où finit le
dernier pan de mattaion, qui se présente à
l'œil sous une ligne droite , on voit commencer les filons naturels des masses des
monts qui restent à découvert ; et exactement à partir de cette ligne, le terrein prend
une face toute différente. De plus, les ruines
occasionnées par l'impétuosité des torrens
qui se précipitent des montagnes, prouvent
évidemment que le mattaion n'est qu'un
terrein accessoire qui s'est déposé sur les
flancs des montagnes, et sous lequel elles
sont comme ensevelies. Pendant les autom-
nes des années dernieres que j'ai passées
dans le Valdarno supérieur, terrein semblable à celui des collines de Valdera, et dans
un voyage que je fis en 1732 , avec le célebre Micheli , j'eus occasion de me convaincre que le sable et les autres substances
disposés en lits horizontaux , qui forment
les collines du Valdarno supérieur , sont des
terres étrangeres qui ont été déposées sur
les flancs des montagnes qui entourent la
vallée d'Arno, dont elles ont rempli et comblé

le fond. Mais dans le voyage dont je m'occupe actuellement, par-tout où j'ai rencontré
des collines contigues à des montagnes, j'ai
remarqué que la nature suivoit constamment les mêmes loix dans leur formation.

Voici comme je conçois ce méchanisme :
les montagnes primitives de la terre ont formé dans leurs flancs différentes cavités et
vallées. Une cause quelconque, peut - être
même l'eau courante, a transporté alors dans
ces vallées une grande quantité de sable ou
de terre qu'elle a déposé ensuite , comme
fait l'eau trouble que l'on laisse éclaircir, et
qui dépose les substances qui la rendoient
opaque. Sur ce premier lit, déja bien affermi,
il s'en est ensuite formé un autre , et après
une infinité d'autres, successivement et toujours produits par la même cause. Chacun
de ces lits doit nécessairement avoir été plus
étendu que le précédent, et avoir couvert un
plus grand espace de terrein sur les montagnes. La nature semble avoir suivi cette
marche dans ses opérations , jusqu'à un
temps déterminé, après lequel elle en a pris
une toute différente, et a cessé entierement
de former aucun de ces amas. Ensuite elle est
parvenue par un méchanisme non moins

admirable , à les détruire tous ; de maniere qu'actuellement, toutes les collines sont dans un état de destruction, et qu'il ne s'en forme plus que dans le fond de la mer.

VOYAGE DE L'ABBAYE DE MORRONA AUX BAINS D'EAU :

COQUILLAGE FOSSILES ET PIERRES IDIOMORPHES.

EN continuant mon voyage , et descendant de l'abbaye , pour entrer dans la grande route , j'apperçus une quantité infinie de coquillages fossiles répandus dans les lits de cette petite colline dont la plûpart sont de tuf.

En descendant toujours vers le fleuve Cascina , je rencontrai des biancanes qui me firent beaucoup de plaisir à voir. J'y trouvai une quantité prodigieuse de productions naturelles. J'y choisis d'abord une grande variété de coquillages, dont le plus considérable est *Amusium Rumphii Pecten veneris Gualt. tab.* 73 *, B.* Ce coquillage qui nous fut apporté des mers de l'Orient, fait l'ornement des plus riches cabinets. Il se trouve

en

en outre un fossile dans les collines de Vé-
rone , où le pere Alexandre Chippini , ama-
teur très-distingué en Histoire Naturelle,
m'en fit présent. J'en avois trouvé un morceau en 1737, près de Certaldo ; mais ici , à
Morrona, on en trouve un grand nombre dont
les ouvertures sont paralleles ; brillans , mais
très-fragiles.

Ce n'est pas là la seule espece de coquillages qui nous viennent des mers les plus
éloignées, et des Antipodes , et qui se trouvent en fossiles sur les montagnes et les collines, non-seulement de ces pays-ci , mais encore des autres parties de l'Europe. M. de
Jussieu en a trouvé beaucoup d'autres en
France , qu'il a indiqués dans sa Dissertation
sur l'origine des pierres appellées yeux de
serpens et crapaudines , dans les Mémoires
de l'Académie Royale des Sciences , A. 1723,
pag. 296, J.

Il y a encore dans ces biancanes un nombre étonnant d'huitres , de petits vers droits
de Turbini, et de Dentali. Je ramassai beaucoup de gros morceaux d'une autre espece
d'acropores que je décrirai, quand je traiterai
des plantes marines , et encore beaucoup
de pierres d'aigle appellées *aëtites* par les

Tome I.   H

Naturalistes. Elles ressemblent à l'extérieur, au gravier des rivieres , écornées et arrondies, exactement comme les étites représentées dans la *Metalloteca Vaticana* , pag. 260. Elles sont de différentes masses, parce qu'il y en a de toutes les grandeurs , depuis la grosseur d'une feve ordinaire, jusqu'à celle d'un œuf de pigeon. Elles portent à l'extérieur une croute, ou crépissure de sable d'une couleur sombre et même noire ; il est brillant en quelques endroits , avec cela très-dur ; parce que ce ne sont que des grains de Jaspe. Il est vrai-semblable que la crépissure des étites s'est formée extérieurement , parce qu'à l'entour on ne trouve aucune particule de ce sable, qui puisse s'être ainsi attachée à la partie supérieure, et qu'elles sont elles-mêmes , placées dans l'intervalle , ou jonction de deux lits de tuf, de la couleur ordinaire, et d'un grain tout-à-fait différent de celui de ce sable. Les croutes de ces pierres d'aigle brûlées, ensuite pulvérisées et mêlées avec du plomb et du tuf du mont Saint Savin , servent à donner la couleur brune aux maioriques et aux tasses d'Anghiari. Quant à la nature et aux différences des pierres étites ou d'aigle , V. *Christ.*

Menizetii de aetilis aliquot varietatibus in Ephemen. Acad. Nat. Curios. A. 1687, Obs. 1, et 47; Jo. Petri Albrechetti de lapidis Aetitis virtute, contra ab ortum ibid. A. 1690. Obs. 80; Georgii Hier. Valschii Observationum Physicomedicorum hecatostea 1. Obs. 29, pag. 53; Ferrante imperato Hist. Nat. publ. A. 1599, pag. 656 et 657, publiée A. 1672, pag. 572 et 573.

DESCRIPTION DU BAIN D'EAU.

APRÈS un trajet qui dura quelque temps, partie à travers les coupures des collines, partie sur les côtes découvertes de la montagne, j'arrivai enfin au Bain d'Eau.

Sur la place, on voit une grande citerne qui ne sert plus maintenant, et qui est comblée de pierres qui rendent beaucoup de son lorsqu'on les frappe : et si l'on passe la main entre ces pierres, on sent un air excessivement chaud.

Ce château est divisé en deux parties, l'une située presque dans la plaine de Cascina, s'appelle Parlascio, l'autre située sur la hauteur, s'appelle Petraia. On boit dans ces deux endroits d'une eau de fontaine que l'on va chercher fort loin , et qui, d'ailleurs, a une odeur infiniment désagréable.

Le fameux bain d'eau est dans le milieu du château inférieur , et distribué en différentes baignoires. La principale qui s'appelle le bain des hommes, est très-vaste, de forme semi-elliptique , bien construite , et toute à découvert , excepté que dans le milieu, il y a un portique appellé la Chapelle , derriere lequel sortent toutes les sources chaudes du bain.

L'eau de ce bain mise dans un vase de verre , paroît très-limpide, et aussi transparente que l'eau du ciel. Elle conserve même sa limpidité dans le bain, quand elle n'y a pas séjourné long-temps , ou que personne ne s'y est encore baigné. Mais quand elle a servi plusieurs fois, ou seulement qu'elle a resté plusieurs jours dans la baignoire, on s'apperçoit, en la mettant dans un vase de verre , qu'elle a perdu de sa transparence, et dans la baignoire , elle paroît trouble et d'une couleur jaune verdâtre. On ne sent pas la moindre odeur , en passant le long de la baignoire , ni même en approchant le nez de l'eau.

A l'instant où j'entrai dans le bain il

pleuvoit. Je remarquai qu'il sortoit de la surface de l'eau de la baignoire, une certaine fumée blanche qui ressembloit au brouillard,
mais qui n'étoit pas continuelle, et ne venoit
que par bouffées. A mesure que la pluie aug-
mentoit, la fumée devenoit plus épaisse et
plus continue. Mais ensuite l'air s'étant éclair-
ci et échauffé, la fumée commença à diminuer et disparut insensiblement. Dans l'après
midi, on n'en vit pas la moindre apparence.
Les paysans me dirent que dans l'hiver,
sur-tout dans les jours froids et humides,
ces eaux fument considérablement ; mais
dans l'été elles ne fument jamais que quand
le temps menace de pleuvoir.

Pour être plus en état d'analyser la qualité des eaux, je fis vuider la baignoire. L'ouverture par laquelle toute l'eau de ces bains
se décharge au dehors, semble avoir été faite
assez large, mais à présent elle est tellement
retrécie et obstruée par une croute de
tartre qui s'y est amassé, que quatre heures
ne suffisent pas pour les vuider. Il est même
impossible de vuider entierement le bain des
hommes et il y reste toujours, à peu près, une
demi-coudée d'eau. Il ne faut cependant que
deux heures pour les remplir, tant ces sources

sont abondantes. Je parlerai plus bas du tartre qui s'est formé en croute au passage du canal. Je me contenterai de remarquer ici , que dans le petit endroit où sont les écluses du bain , on sent une chaleur excessive dans l'air, et une odeur désagréable qui ressemble à celle du bain de Baccanella. C'est-là le seul endroit du bain d'eau où l'on sente quelque odeur ; mais l'argent n'y prend point de couleur rouge ou noire , comme il a coutume de faire près des eaux sulphureuses.

Quand le bain fut presque vuide, je m'apperçus que le fond n'en étoit pas pavé, mais seulement couvert de gravier, qui, aussi-bien que les dégrés de pierres qui restent couverts par l'eau , est empreint d'une couleur verte. Cette couleur ne provient que d'une plante aquatique , de couleur verte foncée , très-fine , très-douce , très-lisse au toucher et qui ressemble au parchemin. Sa forme approche de celle de la laitue de mer et autres plantes marines que j'ai trouvées dans la collection de Micheli. Je l'examinai très-attentivement avec le microscope que j'avois apporté avec moi. Mais quelque attention que je fisse , je ne pus y découvrir d'autre

construction, que celle d'une membrane glutineuse, remplie de sinuosités qui contenoient
une infinité de bulles d'air, et qui se divisoit en lames, sans aucune espece de filamens ou de rameaux. Je n'y pus distinguer
aucuns fruits, ni autres parties caractéristiques ; de sorte qu'il est impossible de déterminer le nom qu'elle doit prendre, puisqu'elle ne peut se ranger dans aucune des
classes fixées jusqu'à présent pour les plantes.
Elle étoit attachée à toutes ces pierres, exactement de la maniere dont s'y attachent les
lichenes incrustés, et les couvroit presqu'entièrement comme du vernis. Sa substance
glutineuse et sa surface lisse et polie, la rendent si glissante, qu'il est presque impossible
de marcher sur ces pierres, et de descendre
ces dégrés, sans s'exposer à tomber. Mais
pour obvier à cet inconvénient, on y a mis
des soutiens convenables. J'ai cru nécessaire
de m'étendre sur cette description, pour prouver que cette matiere verte et glissante que
l'on apperçoit dans presque toute la cavité
du bain, n'est autre chose qu'une croute
formée par la quantité innombrable de tiges
de cette plante aquatique si extraordinaire.
Et ce n'est point, comme quelques-uns l'ont

cru, une teinture de vitriol , ni une incrustation de bitume. Car quelque peine que j'aye prise , il m'a été impossible d'en découvrir aucun vestige dans tout cet amas d'eau et dans les réservoirs.

Les nombreuses sources chaudes qui apportent toute cette eau, sortent , comme je l'ai déjà dit, de dessous le portique qui est placé dans le milieu du bain, d'entre les pierres qui sont au fond ; elles sont à peu de distance l'une de l'autre. Quoiqu'elles traversent une autre sorte d'eau , on peut cependant les distinguer toujours, parce qu'elles s'élancent avec une certaine impétuosité, en agitant l'eau qui les avoisine, et en poussant au-dehors une infinité de bulles d'air. Je voulus en approcher mon pied , mais je sentis tout du long de la jambe un vent si chaud, qu'il me fut impossible d'y resister longtemps. Il ne me fut pas plus possible de tenir ma jambe ferme sur la source la plus abondante, tant elle me l'agitoit violemment. En passant et repassant pour observer ces sources, il m'arriva de mettre le pied sur un endroit où je sentis une espece de vent froid, produit par le courant d'une source d'eau froide. J'en réitérai l'expérience plusieurs

fois, pour mieux m'en assurer ; et la différence me parut infiniment plus sensible, en
plaçant un de mes pieds sur cette source
froide, et l'autre sur une source chaude. Car
je sentois au même temps, des deux côtés,
l'haleine brulante du vent de midi, et le
soufle glacial du vent de nord.

Ces bains ne sont pas le seul endroit, où
la nature ait pris plaisir à faire sortir des
sources d'eau froide, parmi des sources d'eau
chaude. Il s'en rencontre des exemples dans
les Auteurs qui ont traité des eaux thermales ; et j'ai, moi-même, été témoin, quelques
jours après, d'un phénomene semblable, dans
le petit bain qui est près du bain chaud de
Pise , ou du mont Saint Julien. J'y trouvai
une source très-forte d'eau chaude, qui fit
monter le thermometre à 31 dégrés Réaumur, 92 Farenheit; et directement en face,
il y en avoit un autre d'eau presque froide,
qui fit descendre le même thermometre subi-
tement à 20 dégrés Réaumur, 70 Farenheit.
Il se trouve pareillement aux bains d'Acqui,
dans le Montferrat, une source d'eau froide,
au milieu de sources d'eau chaude ; Claude
Dansquio ainsi que Christophe Michel Adol-
pho , nous en fournissent encore d'autres

exemples. Cela prouve incontestablement que les sources, quoiqu'elles s'avoisinent, et même se croisent dans les entrailles de la terre, peuvent néanmoins conserver leurs conduits particuliers, et leurs canaux respectifs séparés les uns des autres, sans aucune communication.

Le fond de ce bain chaud de Saint Julien étoit alors pavé, et les sources se frayant un chemin à travers les interstices des pavés, s'élançoient avec impétuosité, et poussoient une infinité de grosses bulles d'air. Autour des fentes d'où sortoient ces eaux, et au dehors, on voyoit une petite digue, ou amas semblable aux remparts des magasins des fourmis. Cet amas étoit composé de poudre blanche, pareille à la poudre de marbre, rude au toucher et craquant sous la dent; mais en l'examinant avec le microscope, je reconnus que ce n'étoit autre chose que des écailles, ou de petites lames très-minces de tartre, dont l'eau laissoit une incrustation légere sur les dégrés du bain, jusqu'à la hauteur de plus d'une coudée. Je trouvai aux parois du bain de la Reine, un bord de tartre d'une autre espece; et c'est tout ce que j'en ai pu découvrir dans les bains de Julien, parce que dans les égoûts, et aux parois, il ne se trouve point de grosses incrustations, comme au bain d'Acqua.

Le termometre tenu dans la source la plus chaude du bain d'Acqua, a monté à 28 dégrés et demi Réaumur et 94 Farenheit. Je pris de l'eau de cette même source, et la mis dans un verre de crystal : j'en bus plusieurs fois, et je ne lui trouvai aucune odeur ; elle a même un goût qui n'est pas désagréable : elle est d'un acide un peu âcre, laisse dans la bouche et dans le gosier, une sécheresse semblable à celle que j'éprouvai à Marenne, après avoir goûté du pain salé. Ce goût, autant que j'ai pu en juger, n'est ni vitriolique, ni nitreux, ni ferrugineux, mais semble plutôt alumineux. Je ne prétends pourtant pas décider qu'il soit tel, parce que pour cela, il faudroit en faire un examen plus parfait. Il me suffit d'assurer mes lecteurs que ces eaux ont un goût remarquable, afin qu'ils ne se laissent point induire en erreur par l'autorité de trois personnages aussi savans que célébres qui, après avoir fait diverses expériences sur ces eaux, ont prononcé qu'elles ne laissoient sur la langue aucune espece de saveur. Je suis persuadé qu'ils ne se sont ainsi trompés, que parce qu'ils auront goûté ces eaux, non à la source même, mais à Pise, après qu'elles y auront été transportées. Toutes les eaux de bains que j'ai examinées dans ce voyage, m'ont convaincu que la principale cause de leurs propriétes, consiste en une substance très-subtile et volatile, que le célébre Fréderic Hoffman appelle éther, et qui est peut-être la portion la plus déliée de ce principe si actif, que le grand Boerhaave appelle acide minéral, qui sort de la terre, se mêle avec les eaux, s'en sépare ensuite avec facilité, et s'évapore comme font les liqueurs spiritueuses.

Je pourrois rapporter une infinité de circonstances et d'expé iences, qui prouvent avec quelle promptitude cet éther s'évapore, et ne laisse dans les eaux qu'un goût insipide. Mais ceux qui ne voudront pas m'en croire, ni se laisser persuader par les raisons de Fréderic Hoffman, peuvent s'en convaincre eux mêmes par l'expérience.

Je me contenterai de tirer de cette observation, une conséquence qui peut être très-utile. Si l'on veut donc faire usage de ces eaux thermales, soit comme bain, soit comme boisson, et en ressentir les effets salutaires,

il ne faut point les prendre hors du bain, et
à une distance quelconque, après qu'elles ont
laissé évaporer leur substance active et principale ; mais à la source même, où elles n'ont
encore rien perdu de la force de cet éther ,
seule cause de leur efficacité. C'est ce qui
sert à expliquer d'une maniere satisfaisante,
la raison pour laquelle les eaux des bains
de Pise et de Lucques , transportées à Florence , ne produisent plus les effets désirés
qu'on a lieu d'en attendre , en raison de leur
efficacité sur les lieux ; qu'elles mettent si
souvent en défaut la sagacité du médecin ,
et frustrent l'espérance du malade. En un
mot il est indubitable que les trois profes-
seurs ci-dessus mentionnés , ont fait à Pise
leurs expériences sur ces eaux et sur celles
des bains du mont Saint Julien qui , à leur
source, ont le même goût aigre , mais dont à
Pise il étoit impossible de s'appercevoir, parce qu'il étoit déja évaporé. Ce n'est pas
même une chose particuliere à ces eaux, que
l'évaporation et la perte de leurs principes
actifs et efficaces, sitôt qu'elles sont transportées à une distance quelconque de leur source naturelle , au contraire c'est un phénomene commun à presque toutes les eaux de

bains, comme on peut s'en convaincre par les nombreux exemples rapportés dans : *Variorum de acidulis et Thermis Schwalbacensibus, p. 93; et Pascalis Caryophili de usu et praestantiâ Thermarum Herculaneorum in Dacia, p. 144 et 69.*

Le bain des femmes ne renferme aucune source d'eau, mais il reçoit celle du bain des hommes, qui, en y entrant, doit nécessairement avoir déja perdu infiniment de sa chaleur et de son activité. C'est pour cela que ce bain est devenu aujourd'hui peu fréquenté ; et les dames ne veulent plus se baigner que dans celui des hommes, seulement à des heures différentes. L'eau du bain des femmes passe ensuite dans celui des teigneux, qui n'est pas plus fréquenté , et de là enfin dans le bain des chevaux.

Ces eaux des bains abandonnés, servent à entretenir une infinité de grenouilles qui y deviennent très-belles. Cela me fit souvenir de ce que Pline rapporte comme une chose surprenante : les sources chaudes de Pise produisent des grenouilles , dit-il ; mais je ne sais s'il a voulu parler de celles-ci, ou de celles du mont Saint Julien.

Ce bain est maintenant beaucoup moins

fréquenté qu'il ne l'étoit autrefois. Comme les dames ne veulent plus se baigner dans leur bain, et qu'elles préferent celui des hommes, les heures se croisent et se confondent; et il en résulte un mécontentement général.

TARTRE DES EAUX DU BAIN.

CETTE croute que nous avons dit être formée par les eaux, en entrant dans le bain, se trouve aussi autour du canal par où elles en sortent. Elle est d'une surface inégale, et sa grosseur varie, c'est-à-dire, qu'elle est plus forte à l'endroit où l'eau frappe et se brise.

Ce n'est point une nouveauté que de trouver dans les eaux de bains, une grande quantité de tartre qui se dépose en certains lieux, avec plus ou moins d'abondance, suivant les loix de l'hydrostatique. Il y en a au contraire tant d'exemples, qu'il suffira de citer la fameuse fontaine de l'Elsa à Colline, et les eaux de Jerapoli en Phrygie, décrites élégamment par Vitruve, dans le livre 8 *de Archit.* et si semblables aux nôtres. La chaleur n'entre pour rien dans la génération du tartre, puisqu'il se trouve aussi bien dans

les eaux minérales froides , que dans les chaudes. Pour faire l'expérience sur les eaux minérales chaudes, on se sert de celles de Rap-
polano ; et sur les froides, de l'Acidula ,
décrite par le Césalpin , et que je remarquai
étant accompagné du fameux Micheli en
1732, dans un enfoncement du lit du fleuve
Castro , près d'Arezzo , sous la colline de
Monzione.

PLANTES AQUATIQUES MEMBRANEUSES DU BAIN D'ACQUA.

J'AI dit plus haut que dans le bain d'Acqua , il se trouve une certaine incrustation
verte et lisse , qui n'est autre chose qu'une
espece de plante. J'ai ajouté que tous les ans,
dans l'hiver , il se forme à la superficie des
eaux du bain, devenues presque immobiles,
une autre croute , ou tissu de la même substance , ou d'une autre semblable , que l'on
enleve dans le mois d'avril , quand on nettoye le bain. Dans celui de Saint Julien , tel
qu'il étoit en 1742, je remarquai que les
marches qui sont tout autour , étoient couvertes d'une plante ou croute semblable , en
forme de vernis. J'apperçus encore une
incrustation

Inscrustation de la même sorte, dans le petit bain qui est à côté de ce bain chaud, et dans celui de la Reine. Cette incrustation n'est point de la *conferva*, ou du lin aquatique, elle en est même très-différente ; comme je fus à portée d'en juger dans le bain chaud, où je trouvai une quantité de conferva d'un verd extrêmement beau, et dont M. Jean Stange, Anglois, distingué par son érudition, a donné une description savante, dans sa fameuse lettre sur l'origine du papier naturel de Cortone, enrichie d'une infinité d'autres observations relatives aux usages et propriétés de la conferva de Pline et d'autres plantes de la même espece ; et imprimée en 1764, à Pise, in 4°. Ce n'est pas non plus du *Byssus*, car on n'y distingue aucuns filamens quelconques ; mais seulement une substance presque glutineuse, qui s'étend comme feroit une teinture un peu grossiere.

Quant à l'autre plante membraneuse et fine, qui se multiplie et se propage sur la surface du bain, pendant l'automne et l'hiver, temps auquel on ne se baigne point, et où par conséquent l'eau n'est point agitée ; ce n'est autre chose qu'un tissu, ou plutôt une

Tome I.   I

pellicule très-mince , couleur verd de pré ;
dont j'ai trouvé une vaste étendue , et des
amas considérables, soit simples, soit amoncelés, dans le bain des dames. J'y fis les observations que le temps me permettoit d'y
faire , et dont je donnerai ci-après le détail,
en comparant les résultats avec ceux des expériences faites sur d'autres végétaux semblables , qui se trouvent dans d'autres eaux
chaudes et froides.

Mon digne maître, l'illustre Pierre-Antoine
Micheli , a trouvé une autre espece de la même
plante dans différentes eaux froides , chaudes, stagnantes, courantes; mais exemptes de
putréfaction. Il en a fait un genre à part dans
ses tables, sous la dénomination d'*hydroca-
lymma*.

J'en ai moi-même rencontré en beaucoup
d'endroits ; mais principalement aux environs de Florence. A Florence même, il s'en
trouve très-souvent pendant l'été , dans les
puits et dans les étangs. Cette plante n'est
absolument autre chose que cette substance
membraneuse très-fine , d'un beau vert d'é-
méraude, qui flottoit sur l'eau germante, et
qu'un gentilhomme Florentin , s'est avisé
d'employer il y a quelques années. Il la

composoit avec beaucoup d'apprêt et de
mystere, l'annonçoit et la distribuoit , comme un spécifique ayant des propriétés universelles et extraordinaires. Mais cependant le
pauvre gentilhomme , malgré toute la vertu
de son eau germante, est mort dans un âge
encore très-vert.

Le célébre Flamminio Pinelli a aussi remarqué dans les thermes de Petriolo , dans le
Siennois , une espece semblable d'hydroca-
limma ; et M. le docteur Dominique Van-
delli, observateur très-exact, et au-dessus des
préjugés , prétend avoir trouvé des plantes
aquatiques , semblables et de même genre ,
dans les eaux des bains de Padoue , et il
en désigne une autre qui croît dans les thermes *Carolino* de Bohême. Le fameux botaniste Jean-Jacques Dillenio, poussé par la
jalousie, se fit une gloire d'attaquer le grand
Micheli [mais toutesfois après sa mort] et
de le contredire d'une maniere désagréable,
et même avec humeur : et comme Micheli,
le microscope à la main , avoit découvert,
dans quelques especes de plantes, la faculté
de se propager , que Dillenio n'avoit point
su trouver dans sa *Flora Gissense* ; alors Dillenio, pour se venger, déclara la guerre au

pauvre microscope. En conséquence il se fit
un point d'honneur de faire l'histoire des
mousses , c'est-à-dire , des plantes micros-
copiques , sans faire usage du microscope.
J'en appelle à quiconque est accoutumé à
suppléer aux bornes et à l'insuffisance de la
vue humaine , pour juger du succès qu'il a
dû avoir dans cette entreprise ; et tout le
monde sait que le microscope est aussi nécessaire à l'étude de l'Histoire Naturelle, que
le télescope l'est à celle de l'astronomie. Il
en est résulté que les observations qu'il a
faites sur la face extérieure, ou sur toute autre
propriété accidentelle des plus petites de ces
plantes, ou de semblables, ne se sont presque jamais trouvées méthodiques; mais presque toujours incertaines et sujettes à erreur.
Et sans chercher fort loin , les trois premiers genres de Dillenio , c'est-à-dire , *le
bisso*, la *conferva* et la *tremella*, ne sont nullement des genres, mais des classes très-éten-
dues , qui renferment un grand nombre de
genres de plantes qui croissent le plus souvent
au milieu des eaux. Les personnes les moins
clairvoyantes , à l'aide du microscope, peuvent y découvrir un nouveau monde de végétaux , avec une reproduction bizarre et

variée à l'infini , mais qui n'en existe pas
moins , et qui est immanquable.

Si j'ai jamais le temps et la commodité
de pouvoir publier le botaniste marin de
Micheli, avec un appendice des plantes aquatiques de cette espece , j'espere que l'histoire
des mousses de Dillenio , ne paroîtra alors
qu'un ouvrage de peu de conséquence , et
que j'ouvrirai par-là à l'Histoire Naturelle,
une carriere toute nouvelle et très-vaste.
Pour le présent , je me contenterai d'observer, que l'idrocalimma de la surface du bain
d'Acqua, est une membrane verte , qui ressemble à une écorce couverte de petites
outres , ou vessies remplies d'air , qui la
font flotter , ayant plus, ou moins d'étendue , quelques sinuosités , étant lisse et
glissante, et enduite d'une matiere visqueuse.
Cette plante est infiniment petite dans son
origine , et n'occupe qu'un très-petit espace;
mais bientôt elle s'étend par dégrés , et sa
circonférence augmente dans une direction
approchante de la circulaire , sur-tout si
l'eau ne lui manque point, et qu'elle trouve
dans l'air un dégré de chaleur convenable.
Car elle se nourrit, comme les lentilles marécageuses, de l'eau dans laquelle elle nage,

et que sans aucunes fibres radicales, elle vient à bout d'absorber par le moyen des pores spongieux dont sa surface est couverte. Quand sa croissance est plus avancée, et aux approches du printemps, qu'elle devance toujours pourvu que la chaleur de l'eau ne cesse point, alors on voit paroître à sa surface supérieure, une multitude de petites pustules, ou cases séminales, de figure ovale, qu'on ne peut néanmoins distinguer qu'avec le microscope, et qui sont remplies d'une liqueur visqueuse toute couverte de corpuscules infiniment petits et verds. Après un certain temps, ces petites pustules se crevent, et distillent le suc visqueux qu'elles renfermoient. Ce suc étant d'une gravité spécifique, égale à celle de l'eau, ou peut-être même inférieure, à cause de quelque mélange d'air qui peut s'y être introduit, s'unit aisément à l'eau, et y surnage ; et par ce moyen, elle répand la petite sémence verte qu'elle contenoit, et qui donne bientôt naissance à une nouvelle petite plante, semblable à celle dont elle tire son origine. Quant aux fleurs, je ne saurois dire précisément s'il s'y en trouve, ou quelque chose d'équivalent, aux extrémités des producteurs mâles ; mais il y a tout lieu

de croire qu'on y en verroit, malgré l'extrême
difficulté qu'il y a à s'en assurer. Et qui
sait si ce genre de plante n'est point une espece de diecia, c'est-à-dire, si elle n'a point
des individus fructiferes, différents des individus floriferes?

C'est-là le résultat des observations que
j'ai eu occasion de faire sur les lieux, et sur
l'Idrocalimma flottante. J'ai été depuis, une
infinité de fois, à portée de vérifier ces mêmes
expériences sur d'autres eaux ; et comme j'a-
vois alors le temps et toutes les commodités
que je pouvois desirer, je suis parvenu, dans
le cours d'un été, à suivre pas à pas chez moi,
et dans de grands vases de verre, toutes les opérations de cette végétation si simple. J'ai remarqué plusieurs fois , que de la face supérieure de la plante productrice, il en sortoit
et germoit une autre, et par-dessus encore
une autre : toutes deux produites, je crois,
par les semences germant dans les cases séminales de la mere plante. Mais tout cela ne
regarde que l'idrocalimma flottante ; car
dans celle qui s'attache au fond , ou aux
parois des récipients d'eau, et y forme une
croute , je n'ai jamais pu trouver de cases
séminales, quelques soins que j'aie pris pour

y parvenir. En conséquence , il m'est impossible d'assurer , si c'est la même que la
flottante, ou si elle est différente.

RECHERCHES FAITES DANS LA MONTAGNE DE PARLASCIO.

APRÈS le dîner, j'allai me promener sur
les hauteurs qui dominent le bain d'Acqua,
du côté du couchant ; et après avoir passé
le bourg de Pettaia , je m'avançai vers
Parlascio.

Dans un lieu appellé la Paura , je rencontrai une biancane dans laquelle je trouvai
beaucoup de selenite transparente , d'une
forme presque rhomboïdale, avec des cristallisations , ou simples , ou combinées et
amoncelées , qui se trouvent seulement
dans les endroits où les mottes de mattaion se réunissent ensemble. Il y en a encore une espece dont les cristallisations sont
combinées et disposées en maniere de croix,
ou de rose.

Les flancs de la montagne que je visitai
ce jour là , sont ceux d'une branche de la
chaîne dont j'ai parlé , et qui s'étend de-
depuis la colline Montanine , jusqu'à la

Castellina. Elles sont toutes composées de filons de pierres calcaires diversement inclinées, et d'autres pierres que les Naturalistes appellent lenticulaires-numismales , dont je parlerai plus bas.

Je me contenterai ici, d'énumérer d'autres especes de fossiles que l'on trouve dans la montagne du bain d'Acqua, et dont on conserve des morceaux dans le *Museum Ginori de Doccia*.

N°. 1. Pierres , à repasser les rasoirs avec de l'huile, qui se trouvent en grande quantité dans le bain, à l'endroit qu'on appelle le précipice de Solara.

N°. 2. Terre blanche , fine, friable, pesante , rude , en mottes et en poudre que l'on trouve près du bain , dans un lieu appellé Caiarsi, au milieu de la route. Il y a environ cinq cens coudées en longueur de terre de la même qualité. Elle se dissout à l'eau forte trois dégrés , bouillone un dégré.

N°. 3. Masse de pierre à feu, qui se forme dans le bain , est très-forte et sert à faire des meules de moulins. On en voit même une au moulin du bain.

N°. 4. Sable rouge , qui se forme à Gello

Mattacino, et ressemble à celui de la colline de Montanino.

N°. 5. Albâtre blanc, qui se forme à Pommaio dans la carriere de marbre dépendante de la communauté de Pommaio. Il y en a une très-grande quantité dont on peut faire des statues de quatre coudées.

N°. 6. Albâtre veiné de noir, qui se forme au même endroit.

N°. 7. Albâtre opaque veiné, qui se forme à Pommaio, sous la montagne Cassale, dépendant de la communauté. Il s'y trouve en grande quantité, mais en petits blocs.

N°. 8. Albâtre jaune, veiné de rouge, qui se trouve dans le même lieu, mais en petits blocs, dont le poids n'excede point cent livres.

N°. 9. Pierre noire, qui se forme dans toute la communauté de Pommaio, mais en grandes masses, dont on peut faire des colomnes de quatre à cinq coudées.

N°. 10. Sable jaune, qui se forme en grande quantité, dans l'enceinte de la vieille paroisse de Pommaio dépendante, de la communauté.

TARTRE DU MONT DE PARLASCIO.

OUTRE les deux especes de matériaux qui composent la masse de la montagne, il y en a encore une troisieme, ou neutre, qui semble être postérieure aux filons de la montagne ; mais antérieure au dépôt des collines. C'est un amas énorme de lits irréguliers, tortueux et sinueux de tartre, ou spugnon, que les Naturalistes appellent stallactite, et qui paroît devoir son origine au sédiment de quelque eau de fontaine. Il est le plus souvent d'une couleur blanchâtre, et d'un tissu tantôt foible, tantôt plus ferme et plus tenace, quelquefois poreux et couvert de petites cellules et cavités presque sphériques. Il y en a une grande quantité qui ressemble aux éponges de Val de Marina, dont on se sert pour orner les grottes et les jardins des environs de Florence ; et il y en a de celui-là qui, pour la masse, approche beaucoup du travertin et de l'albâtre. On remarque qu'il ressemble ordinairement au tartre laissé, par l'évacuation du bain, à l'endroit où elle se fait avec plus de force et de rapidité.

On trouve encore dans d'autres endroits,

du tartre d'eau, avec des impressions de plantes terrestres. On peut en voir les exemples
avec les figures, dans la Metallotheca Vaticana de Mercati, pag. 328, et dans l'histoire des pierres figurées de la Suisse, de
Carlo Nicolo Langio, planche 16. J'en conserve moi-même dans mon cabinet beaucoup de morceaux choisis par Micheli et par
moi.

On conçoit très-aisément que les lits de
spugnons et de tartre, dans cette montagne
du bain d'Acqua, sont antérieurs à l'amas
des collines, en voyant leur position sur
la côte oblique de la montagne, sur la
croupe de laquelle ils semblent être collés,
commençant un peu au-dessus de Petraia, et
s'étendant jusqu'à la plaine de la Cascina,
en suivant toujours cette régle qui leur est
propre, qui est d'augmenter et croître en
masse et en surface, à mesure qu'ils deviennent plus profonds, de maniere qu'il s'en
trouve des couches qui n'ont pas moins de
six coudées. On achevera ensuite de se convaincre, en observant que toutes les extré-
mités des lits horizontaux, formant les collines, se terminent sur leurs croupes, et
certainement si le bas de la montagne n'eut

point été nu et vuide , ce tartre n'auroit
point pu s'y coller et s'y amonceler, en suivant la régle ci-dessus expliquée. Ensuite ce
tartre n'auroit point été couvert et enterré
par le tuf et par l'argille des collines.

Cependant de peur que tout ceci ne passe
pour une conjecture hasardée de ma part ,
je crois à propos d'avertir, que le Césalpin
a découvert lui-même ce méchanisme, et
qu'il a dit : « les eaux de bains produisent
» aussi des collines pierreuses , comme on
» peut le voir en beaucoup d'endroits. » Je
me propose aussi de suivre un tel phénomene dans différens lieux ; quoique les temps
ne soient plus les mêmes. Mais quand même
je ne pourrois pas trouver maintenant cette
continuation, il ne s'ensuivroit pas pour
cela qu'elle n'ait point existé autrefois. Car
l'eau , en passant par l'intérieur d'une montagne , peut avoir dissous à la longue, et
ensuite entraîné avec soi, toute cette matiere
qu'elle a rencontrée dans son passage, et qui
étoit propre à se former et s'amonceler en
tartre. Cette substance étant détruite , la
source ne produira plus de tartre. Je présume d'ailleurs que certaines eaux qui, en
sortant de la terre , sont maintenant froides

et potables, peuvent avoir été jadis chaudes et minérales ; mais le foyer de leur chaleur et de leurs propriétés médicinales, peut être entierement perdu, ou bien l'eau peut avoir changé son cours, et conséquemment cessé de communiquer avec ce foyer. Le contraire peut ensuite arriver. Une eau qui n'a jamais été chaude ni médicinale, le peut devenir un jour, en changeant la direction de son cours, et en se mêlant avec quelque nouvelle substance.

En continuant la description du tartre que j'ai remarqué sur le bain d'Acqua, je crois à propos d'observer que la plus grande partie de ce tartre est formée en couches, exactement comme celui des fontaines. Il paroît en outre, que la plûpart de ces sols, sont formés par le concours d'une quantité innombrable de petites cristallisations sélénitiques et tétraédres, qui sont tellement entassés les unes sur les autres, qu'il ne leur est point possible d'étendre librement leurs faces et leurs angles. Il y a cependant des enfoncements, ou cavités dans l'intérieur, où ces cristallisations ont eu toute liberté de se déployer suivant leur pouvoir, et de faire connoître leur forme propre et naturelle. Ils sont très-fragiles, se détachenttrès-aisément en lames, et se réduisenten poussiere blanche.

Enfin je ne dois point oublier de dire que le tartre est un fossile qui se rencontre fréquemment et en grande abondance, sur le globe terraqueux : car non - seulement il couvre les masses d'un grand nombre de montagnes, mais il forme, lui-même, des montagnes de la seconde classe, qui renferment une pâte extrêmement transparente, dont on choisit les morceaux les plus uniformes et plus agréablement marquetés, pour orner les édifices. Ce sont des especes d'albâtres de différentes nuances, &c. Si l'on veut bien réfléchir, on se persuadera aisément que la plus grande partie de l'albâtre et du travertin, n'a été originairement que du tartre de quelque source.

LIMAÇONS ET PIERRES LENTICULAIRES DE PARLASCIO.

AU-DESSUS des *spugnons* que je viens de mentionner, et de l'extrémité des collines, on découvre les filons naturels de la montagne, qui prend le nom de Parlascio, à cause d'une roche voisine, qui porte le même nom.

Ces filons, comme je l'ai dit, sont en partie
d'alberese ; mais le plus souvent de certaines
pierres très-jolies, qui seules pourroient satisfaire la curiosité d'un Naturaliste ; car ce
n'est qu'un amas de productions de la mer,
dont le nombre est infini, et qui sont amalgamées ensemble par une glu pierreuse. Dans
chaque filon et même dans chaque pierre
détachée que l'on rencontre dans cette montagne, il se trouve toujours quelque chose
de particulier. J'y ai trouvé une infinité de
plantes marines pétrifiées, que je me propose de décrire et de faire graver, dans
l'Histoire des plantes marines de Micheli.
Les especes de limaçons sont innombrables, et l'on ne finiroit point, si l'on vouloit en décrire et détailler toutes les différences. Je me contenterai de remarquer ici,
que les coquillages sont presque tous bivalves et composés principalement d'huitres, de
peignes, de moules, &c.

Les pierres qui y sont en plus grande quantité et même seules, qui forment la structure de
cette hauteur de Parlascio, sont les lenticulaires, ou numismales. Je ne pus m'empêcher
d'être frappé d'étonnement, à la vue d'une si
prodigieuse quantité et d'une si grande variété

de

de ces pierres, dont les cabinets les plus complets ne renferment que très-peu de morceaux, et que l'on y conserve comme quelque chose de très-rare. Les filons en sont ordinairement inclinés du midi au couchant, et sont de différentes grosseurs. Ils vont quelquefois jusqu'à six coudées.

Ils diffèrent presque tous l'un de l'autre, par la masse et la compacité des lentilles qui les composent. Ils sont presque tous d'une couleur plus ou moins pâle, et ont quelque liaison de tarse, ou de pâte transparente. J'ai apperçu, à la surface de quelques-uns, une excrescence de matiere poudreuse, blanche, semblable à l'alun nitreux ; mais fade, qui ne brûle point et qui ressemble au lait de lune.

Ces masses diffèrent encore entr'elles par la dureté. Il y en a de dures comme le marbre, et d'autres qui sont friables, mais qui, peut-être, le sont devenues, pour avoir été exposées aux injures de l'air.

En gravissant la montagne, j'apperçus dans un ruisseau, au milieu du chemin, une espece de sable grossier, rond, uniforme et d'une figure réguliere. Je n'en fis d'abord nul cas, mais comme je continuois toujours d'en

trouver de nouveau, je m'avisai d'en ramasser, que je reconnus alors être de petites lentilles très-minces, roulées par l'eau de cette
maniere. Je me mis donc à en chercher l'o-
rigine, et ne négligeai rien pour y parvenir.
Enfin je rencontrai par hazard, certaines
masses de pierre lenticulaire morte, c'est-
à-dire, qui se décompose, dont je raclai
autant que je voulus, et avec la plus grande
facilité, car la liaison pierreuse qui les
joignoit ensemble, les avoit abandonnées.

Les pierres lenticulaires, ou numismales,
ou encore frumentaires, sont ainsi appellées, parce qu'elles renferment dans leur
compacité, certains corps organiques plus ou
moins grands, de la figure des lentilles, ou
de la monnoie. On reconnoît parfaitement
bien que ces corps ont été originairement
produits par la mer ; mais il n'est pas aisé
de distinguer à quelle classe on doit les rapporter, c'est-à-dire, si elles appartiennent à
celle des végétaux, ou à celle des animaux.
Quelques-unes sont évidemment des nautiles
infiniment petits ; mais cependant dans leur
partie supérieure, on n'apperçoit point d'espace capable de contenir un animal quelconque. M. Bourguet a cru que c'étoit

des coquilles de limaçons ; mais son système ne m'a point persuadé , et je me réserve de donner là-dessus , mes foibles conjectures, dans les additions à l'Histoire des plantes marines de Micheli , et dans la description des especes nombreuses de lenticulaires que je conserve dans mon cabinet. Ceux qui n'en ont jamais vu , peuvent s'en former une idée, par les figures du Museum métallique de l'Aldovrande, sous les noms *Friticites Molibdoides* , pag. 170. *Congeries pedis humani figura* , pag. 438 et pag. 843 , planche 23, et par la figure de la *Metallotheca Vaticana*, pag. 286.

Dans cette montagne de Parlascio , il se trouve une si grande quantité et une si grande diversité des plus belles pétrifications marines , qu'elles peuvent satisfaire complétement la curiosité d'un Naturaliste. Il y a des filons de pierre lenticulaire, qui sont énormes, hauts jusqu'à six coudées , de différente dureté et de différent grain ; mais ordinairement composés de lentilles blanchâtres , très-minces et enfoncées dans une pâte pierreuse de couleur grisâtre. Presque tous les filons varient dans la dureté , dans la couleur et dans la grosseur des lentilles ;

mais il n'y en pas de plus grosses qu'un
grain de vesce. En examinant ces lentilles
avec le microscope , on découvre une variété prodigieuse de nautiles infiniment petits , et de cornes d'ammon , parmi lesquels
on reconnoît aisément tous ceux qui ont été
décrits et représentés par M. Jean Bianchi,
dans son livre *de Conchis minus notis*, &c.
et par M. Gualtieri dans le Catalogue des
coquillages de son cabinet. On y voit encore une quantité innombrable d'autres especes , dont on ne retrouve point aujour-
d'hui les pareilles dans la mer. Outre les
nautiles et les cornes d'ammon : on y rencontre aussi une infinité de corps lenticulaires , d'une grosseur égale à celle des
nautiles, mais sans aucune cavité apparente ,
capable de contenir un animal quelconque.
Il y a de très-petits oursins , à peine visi-
bles à l'œil. Beaucoup d'épines capillaires
d'oursins , beaucoup de conques et beaucoup de buccins, gros comme un petit grain
de panis. Enfin il se trouve une variété si
étonnante de corps marins , principalement
dans le genre animal, qu'on ne finiroit pas,
si on vouloit les décrire , et qu'ils offrent
à tous observateurs, un trésor d'instructions

et de connoissance. Dans d'autres masses ,
on rencontre beaucoup de plantes marines
pétrifiées , particulierement du genre de
l'acropore et des *pétrobes*. Il y a aussi de
très - grosses masses composées de coquilles et d'écailles variées à l'infini , et plongées dans une pâte pierreuse de diverses couleurs , qui forme une grande variété de limaçons parmi ces pierres ; il y en a une,
où sont , pour ainsi dire , confondues et
anéanties toutes les coquilles , de maniere
qu'elles n'ont laissé sur la pierre qu'une simple impression. Croirons-nous , que dans le
temps où cette pierre s'est formée , il s'y
est mêlé quelque corrosif salin et liquide ,
qui a décomposé et détruit la substance al-
caline des coquillages?

Il ne m'a pas été possible d'observer et
de décrire en détail les productions naturelles du mont de Parlascio. Mais ce que je
n'ai pu faire , M. Jean Strange l'a exécuté
avec beaucoup d'habileté et de perfection.
Ce gentilhomme Anglais, réunit à une connoissance profonde de la physique et de
l'Histoire Naturelle , une honnêteté incom-
parable. Il a bien voulu agréer mon ouvrage des Voyages , et le livre à la main ,

visiter les lieux que j'y avois désignés. Mais il faut l'avouer, M. Strange, dans le petit nombre d'années qu'il a séjourné en Toscane, a plus observé et expliqué de phénomenes de litologie relatifs à ce pays, que ne l'ont fait jusqu'à présent tous les naturels ensemble. N'est - il pas honteux pour nous, qu'au milieu de tant d'illustres et savants étrangers, dont les noms formeroient un volume, et qui ont apprécié, recueilli et décrit les fossiles de la Toscane, nous Toscans, nous demeurions étrangers dans notre patrie ? Mais de quelle honte encore plus grande, ne serons-nous pas couverts, et cependant quelle gloire rejaillira sur la Toscane, lorsque M. Strange, rendu à sa patrie, aura la liberté de mettre au jour les observations litologiques qu'il a faites en Toscane, avec la plus grande précision et la plus grande exactitude ? Il suppléera surtout, comme il me l'a fait espérer, à ce qui manque à mes observations, et il exposera tout ce qu'il y a de remarquable au sujet des collines de Valdelsa, Valdevola et Valdera, tant, par rapport à la structure de ces collines, qu'à l'étonnante diversité des corps marins qui s'y trouvent. La derniere

fois que je le vis , il avoit déja fait passer
en Angleterre sa collection d'Histoire Naturelle, et même ses Odépores, de maniere que
je fus privé de l'avantage de les voir ; mais
pour me dédommager de cette perte , il eut
la complaisance de m'indiquer et de me
faire , au sujet de mes Voyages et de l'Histoire des plantes marines de Micheli , plusieurs observations et remarques dont je me
ferai un honneur de me servir.

DESCRIPTION DE PARLASCIO.

SUR la cime de cette petite montagne de
Parlascio, que l'on peut appeller un trésor
d'Histoire Naturelle , on voit les ruines
d'une roche , ou forteresse médiocrement
grande , et d'une forme quarrée. Dans les
coins, sont de grandes tours , ou bastions ,
et dans le milieu une citerne. Cette forteresse est entierement construite de ces pierres lenticulaires dont nous avons parlé. Elle
s'appelle Parlascio, et les paysans croient et
racontent qu'elle a été bâtie par la Comtesse
Matilde , et fondent cette croyance sur ce
que, dans les courtines, on voit encore les creneaux pour les canons.

Dans la communauté de Parlascio, on trouve les sortes de terres suivantes , dont on conserve des morceaux dans le Museum de Ginori , à Doccia.

N°. 1. Terre d'une couleur blanche mêlée de vert , approchant du cendré : se trouve dans la communauté de Parlascio , dans les domaines de MM. Lazzerini , à l'endroit appellé Ginccaio. A l'eau forte elle devient ferrugineuse et se dissout deux dégrés. Dans la fournaise des porcelaines , elle se vitréfie un dégré , s'épaissit à quatre dégrés et devient ferrugineuse.

N°. 2. Terre blanche, pesante, grossiere, friable , sabloneuse , dont on se sert pour déraciner les buissons , se trouve à Parlascio, au lieu appellé la vieille Fontaine , sous la dépendance de Barsini da Castelnuovo : dans le feu elle reste blanchâtre.

N°. 3. Terre d'une couleur jaune , fine et claire ; en mottes pesantes , compactes et dures , marquée de veines d'une couleur plus sombre, un peu sabloneuse : elle se trouve sur la montagne de Parlascio , au mont Baroni, sous l'orme , dans le domaine de M. Sancasiani : à l'eau forte, elle paroît ferrugineuse , se dissout à trois dégrés, dans la fournaise des porcelaines : elle se vitréfie à quatre dégrés, devient transparente à trois dégrés, noire tachetée de jaune.

N. 4. Terre jaune, claire, fine, grasse comme l'argile, et composée de petits morceaux visqueux. Se trouve dans la communauté de Parlascio, dans un endroit appellé Ginccaio, appartenant à M. Lorenzzo Lazzerini : à l'eau forte elle devient ferrugineuse, se dissout trois dégrés, avec ébullition deux dégrés ; dans la fournaise des porcelaines, elle se vitréfie trois dégrés, devient trouble deux dégrés, transparente, un dégré, noire.

VOYAGE DE CALCINAIA A BIENTINA.

HISTOIRE DE BIENTINA.

Il est impossible d'imaginer une situation plus malsaine et moins favorable à l'habitation, que celle de Bientina. Cette vaste terre est située au milieu de marais, au centre d'une vallée, qui n'est pas très-spacieuse et dont les bords, c'est-à-dire, les hautes montagnes de Pise, les montagnes et les collines du pays de Lucques et de la

Valdinievole, garantissent du vent et conséquemment empêchent le renouvellement de
l'air. Néanmoins elle est très-peuplée, et l'air
y est suffisamment sain, même dans l'été.
Les principales causes de cette salubrité, sont,
suivant moi, la nombreuse population, l'é-
tendue du commerce, et l'extrême exactitude
que l'on apporte à diriger continuellement
les écoulemens des eaux du Ciel. Mais, sur-
tout, c'est l'avantage que les habitans tirent
d'une fontaine abondante, qui descend des
collines de Sainte Colombe, par le moyen de
longs aqueducs, et leur fournit une eau excellente. La situation de Bientina, si on
veut bien l'examiner, peut seule suffire à
faire connoître combien l'art de l'homme
est capable de rendre habitables et même
sains, des lieux, qui, de leur nature, étoient
pestilentiels. Si l'on pouvoit exécuter le
projet de faire passer les eaux de cette
plaine, dans l'autre partie de la plaine de
Pise, et de les faire écouler dans le fossé
Royal, par le moyen d'un égoût qu'il faudroit construire sous le lit de l'Arno, on
en retireroit deux très-grands avantages. On
rendroit l'air de Bientina parfaitement sain,
et l'on amélioreroit encore des terres, qui

sont déja très-fertiles. Mais il y auroit lieu de craindre que ces eaux introduites dans le fossé Royal , n'endommageassent le port de Livourne , en y déposant des amas de vase trop considérables. Dans ces dernieres années , on a fat beaucoup d'entreprises et de travaux dispendieux , par les ordres de sa Majesté Impériale , pour nettoyer , purger et rendre plus saine cette plaine de Bientina , froide et marécageuse. Comme je ne suis point instruit des détails de la réussite , je me contenterai de remarquer ici , que l'on fit faire à cette occasion une carte corographique très-exacte de tout le lac de Bientina , des campagnes adjacentes , et de tout le cercle des montagnes de Pise. M. Ferdinand Morozzi , ingénieur très-habile , a été un des artistes employés à l'exécution de cet ouvrage. C'est ce qui l'a mis en état d'exécuter , avec tant d'exactitude et de vérité , la carte corographique , que l'on donne au commencement de ce volume , et où le lac de Bientina et les montagnes de Pise , sont représentées sous une figure absolument différente de celle qu'on leur a jusqu'à présent faussement attribuée dans les autres cartes.

MARAIS DE BIENTINA.

DANS le lac qui appartient en partie à
notre Auguste Souverain , et en partie à la
république de Lucques , outre la pêche an-
nuelle qui est très-abondante, on fait encore,
dans l'hiver, une chasse fameuse d'oiseaux
aquatiques et particulierement de foulques
dont il y a un nombre prodigieux. Ces animaux ne font autre chose que nager dans
tout le cours de la journée , et ne laissent
hors de l'eau que leur tête. Pour faire la
chasse de la Tela , nom qu'on lui donne ,
les chasseurs se réunissent en grand nombre , montés sur de petites barques appellées
Gusci , ou sciattafamiglie , qui ressemblent
aux canots des Indiens, et qui ne contiennent que deux personnes , un rameur et un
chasseur. Ils forment, avec ces barques, un
vaste demi-cercle , et comprennent un grand
espace du lac. Alors les foulques se trouvent renfermées entre la rive , et cette ligne
formée par les barques , et resserrées dans
un espace d'autant plus petit , que les barques s'approchent davantage du rivage. Tant
que les foulques ont de la place dans le lac

pour nager et fuir devant la tela, ou chaîne
de barques, elles se contentent de nager,
et n'ont point recours à leurs aîles ; mais
sitôt qu'elles se sentent réduites à un espace
trop étroit, entre la rive et la chaîne des
barques, alors toutes ensemble, et comme
d'un commun accord, prennent leur vol,
pour passer par-dessus la chaîne, et retourner en arriere, se plonger de nouveau dans
le lac. Les chasseurs saisissent cet instant,
et en tuent un nombre très-considérable, à
coups de fusil.

Les anguilles entrent de la mer dans l'Arno, de là par la Sereza dans le lac, où
elles trouvent une nourriture abondante, et
deviennent monstrueuses. Elles se tiennent
plus volontiers dans les eaux claires, parce que les eaux troubles, qui inondent le
marais, les font mourir comme les autres
poissons des fleuves. Mais dans les temps de
sécheresse, elles se cachent dans la vase.
Les pêcheurs ont coutume de les mettre
dans des especes de cabas faits d'osier,
pour les faire grossir, afin de pouvoir les
vendre plus cher.

Au sujet de certaines propriétés particu-
lieres aux anguilles, j'ai fait, pag. 555 de

mon raisonnement sur les causes et sur les remedes de l'insalubrité de l'air de la Valdinievole , une remarque qui sert à confirmer ce que Pline a dit. Je me contenterai d'ajouter ici , que je doute fort de la certitude d'une observation microscopique , du fameux Antoine Van Leevenhoek. Il prétend prouver, par son expérience , que les anguilles sont vivipares ; il l'écrivit lui-même en 1691, au célébre Antoine Magliabecchi, et moi je la publiai au tome second , pag. 349, *Clarorum Belgarum ad Ant. Magliabechium nonnullosque alios epistolae.*

Les ciecolines, c'est-à-dire, petites anguilles , nées dans la mer , vont incontestablement dans les fleuves , toujours contre le cours de l'eau , et continuent sans cesse de remonter dans les temps d'inondations. Mais souvent il arrive qu'elles restent emprisonnées dans quelque trou , ou marre d'eau , qui a, depuis quelquetemps, perdu communication avec le courant. Là , l'eau venant à manquer , dans les temps de sécheresse , les anguilles restent à sec , et deviennent atrofiques. Mais pourtant elles ne meurent point , et même lorsque le trou , ou la marre se remplit d'eau , elles reviennent promptement, et donnent par-là au peuple, lieu de croire qu'elles naissent , dans le moment, de la fange. Plusieurs grands homme de l'antiquité ont donné eux - mêmes dans cette erreur; tels que Aristote , Théophraste et Pline. Antoine Campano, en décrivant le lac Trasimene , ou plutôt de Pérugia, dit que, pour le repeupler d'anguilles, on prend de la fange de certains marais , qui en sont voisins, et on la jette dans le lac. Dans cette fange sont renfermées les ciécolines, qui s'y sont réfugiées des fleuves et des fossés dans les temps d'inondation , et c'est dans ce lac, qu'elles prennent leur croissance. Car ne communiquant point avec les fleuves , elles n'auroient jamais pu s'y introduire d'elles-mêmes; parce que c'est une observation généralement reconnue comme certaine, que les anguilles ne peuvent s'introduire dans une mare d'eau , si elle n'a point de communication avec quelque courant qui se rende à la mer. Nouvelle preuve qu'elles ne déposent point leurs œufs, autre part que dans la mer. Et l'on ne doit point regarder comme un paradoxe , que les anguilles puissent subsister quelque temps sous la terre, et sans eau, puisque la même chose

arrive aux girins, ou petites grenouilles, que
le vulgaire croit voir naître de la poussiere
aux premieres pluies d'été.

Le lac de Bientina , est appellé par les
Lucquois , le lac de Sesto : parce que tout
près, du côté du couchant, est situé un de
leurs châteaux qui porte ce nom. Dans l'été
le bord de ce lac , où le marais reste presque sec et est rempli de plantes aquatiques.

Les racines de ces plantes marécageuses,
et particulierement celles des cannes et des
aunes , s'entrelacent l'une dans l'autre, et
couvertes de fange et de feuilles pourries ,
sur lesquelles naissent encore d'autres plantes , elles forment certaines mottes de terre
compactes, fermes et couvertes de verdure ,
qui sont quelquefois d'une grosseur assèz considérable, et qui détachées par les vents, ou
par quelqu'autre cause, sont portées çà et là
par les ondes du lac. En peu de mots, elles
deviennent semblables à ces fameuses isles
flottantes, que les anciens ont tant admirées.
Dans d'autre marais, on apperçoit de semblables iles flottantes. Celles du lac de Vadi-
mone , aujourd'hui appelié Bassanello , et
celles du lac de Mante, ont été décrites par
le pere Saint Vincent Maria Cimarelli, au
chap.

chap. 3 de ses solutions philosophiques ;
pag. 13. Les iles flottantes qui sont dans un
lac près de Saint Omer, ont été décrites dans
l'Histoire de l'Académie Royale des Sciences , année 1700, pag. 6. Tel est encore le
pré qui tremble dans le Dauphiné. Voyez
M. Lancelot : Discours sur les sept merveilles du Dauphiné , pag. 575 , du tom. 9 des
Mémoires de l'Académie Royale des Inscriptions. En Flandres et en Norvege , ces iles
flottantes sont très-fréquentes.

Voyage de Bientina a Buti.

Situation de Buti.

Mardi 9 octobre, je partis de Bientina,
et m'avançai vers Buti. Je commençai ma
route par le cercle des monts de Pise , qui
forment une chaîne très-vaste , de figure
triangulaire et isolée. La route qui conduit
à Buti est horrible , mais pittoresque, parce qu'elle forme une gorge étroite , au fond
de laquelle coule un torrent impétueux. .

Mais il est impossible de représenter parfaitement, l'ingratitude naturelle du sol, et

Tome I.   L

l'horreur de la situation de Buti, qui, d'ailleurs est une des plus fortes terres du comté de Pise. Et il n'est pas moins impossible de décrire, avec quel succès, la culture a sçu dompter cette ingratitude de sol, et faire, en dépit de la nature, de ce désert horrible, une campagne fertile et délicieuse.

Dans cet endroit, les montagnes de Pise forment un creux, qui représente un vase étroit, et que l'on appelle la vallée de Buti. Les bords de cette vallée étroite et profonde, sont formés par les flancs escarpés des montagnes même, couverts de pins, de châtaigniers, ou d'oliviers. Dans le fond, il se trouve un endroit uni, qui n'est point continu ; mais divisé en plusieurs sols et coupé par un torrent impétueux. C'est-là, exactement, dans la partie la plus profonde, qu'est située la terre de Buti, divisée en deux parties : l'une, c'est-à-dire, plus haute, s'appelle le Château, et l'autre, plus basse, s'appelle le bourg. Le terrein qu'ils occupent, est continuellement exposé à un air humide et froid, excepté durant quelques jours d'été ; il est souvent couvert d'un nuage épais, et sujet à des changements soudains de temps, particulierement à des pluies abondantes. Cela provient de ce qu'il est placé au-dessous des plus hautes cimes des montagnes de Pise , et près du lac de Bientina. De Buti, on ne découvre d'autre pays que la vallée, et elle n'offre à la vue que des bois. Le jour y fuit, avant que le soir arrive, et l'on ne trouve dans la plaine , que très-peu de chemins , encore sont-ils coupés et interrompus. Pour comble de désagrément, le torrent qui passe à côté du bourg , fait souvent beaucoup de dégât dans la campagne , et ruine les habitans ; et même, il y a environ cinquante ans , il détrusit presque la moitié du bourg : nonobstant tous ces désavantages, Buti est une des terres les plus considérables du comté de Pise; et ses nombreux habitans , parmi lesquels il s'en trouve beaucoup, qui sont extraordinairement riches, trouvent ce séjour non-seulement commode et agréable, mais très-sain, et un grand nombre d'eux , y parviennent à un âge très-avancé. Mais j'ai voulu seulement rapporter ces détails , pour faire connoître combien le commerce et l'agriculture, peuvent contribuer à rendre sain et délicieux , un pays , qui , de sa nature , étoit malsain et horrible.

DESCRIPTION DE LA VALLÉE DE BUTI.

PERSONNE assurément, ne pourroit croire, sans l'avoir vu, que ce creux que forment les montagnes de Pise, renfermât une campagne si bien cultivée et si fertile. Dans le fond de la vallée, on voit des vignes très-garnies, qui produisent des vins délicieux, mais qui, à cause du froid qui y régne, ne parviennent jamais à une maturité parfaite. On y fait aussi quelques ensemencements, et on y plante des herbes et des arbres fruitiers, de sorte qu'il n'y a pas un pouce de terre, qui ne rapporte de maniere, ou d'autre. Les flancs de ces montagnes formant la vallée, qui regardent le couchant, sont couverts de châtaigniers, dont les habitans tirent un gros avantage. Mais celles qui sont tournées du côté du levant et du midi, sont couvertes de bois d'oliviers, qui parviennent à une hauteur très-grande, et dont je parlerai plus au long. Tout le reste est couvert de pins touffus. Parmi les châtaigniers, il se trouve beaucoup de metati, c'est-à-dire, d'endroits destinés à faire sécher les châtaignes ; et parmi les oliviers, il y a beaucoup de colombiers avec de petites maisonnettes pour se mettre à l'abri de la pluie, quand on fait la récolte des olives. De-là, on peut comprendre combien l'art a su rendre la vallée de Buti, un endroit riche et délicieux.

J'en visitai une grande partie à pied, parce qu'il étoit impossible d'y aller à cheval. J'en aurois encore parcouru un plus grand espace, si je n'en avois été empêché par une pluie interrompue, mais abondante. Ces côtes sont minées et creusées par nombre de torrents, qui se divisent ensuite en plusieurs branches, ce qui multiplie leur surface à l'infini, et en forme quantité de collines. Je commençai à en faire le tour, en partant de celles qui regardent le couchant, et qui sont couvertes de châtaigniers et de pins. Je passai d'abord par celle que l'on appelle Rocale, qui tire son nom d'une roche antique, qui étoit située à la cime; mais qui est maintenant détruite. De-là, je passai sur une autre côte, appellée les Pingnole, et ensuite sur une autre appellée Sasseto.

Pour bien comprendre ce nom Sasseto, il faut savoir que les flancs des montagnes de Pise, sont ordinairement très-escarpés,

de maniere que les eaux de pluie y acquié-
rent en descendant, une rapidité et une impétuosité étonnantes. Outre cela, comme ces
montagnes sont très-élevées et voisines de la
mer, les nuages s'arrêtent aisément sur leurs
cimes , souvent même ils s'y condensent et
se fondent soudainement en pluies abondantes. Ces eaux en coulant le long de ces
flancs rapides, augmentent progressivement
leurs masses et leur impétuosité, et entraînent
avec elles, toutes les pierres détachées et isolées qu'elles rencontrent sur leur passage. Ensuite par le choc de ces pierres, et le leur
propre , elles viennent à bout de déraciner
les châtaigniers et les pins , et roulent une
horrible quantité de grosses pierres, sur un
long espace de pays ; jusqu'à ce qu'enfin,
leur pente, et conséquemment leur force venant à diminuer , elles sont forcées de les
abandonner. Ces monstrueuses décharges ,
composées uniquement de pierres (car la
terre continue toujours d'être emportée au
fond des eaux) sont ce qu'on appelle
des petits cailloux, et se rencontrent fréquemment dans les montagnes de Pise , et
principalement dans la vallée de Calci. Elles
ressemblent assez aux souterreins de Fiesole
et de la Golfolina.

CULTURE DES CHÂTAIGNIERS, DANS LES MONTAGNES DE PISE.

PARMI les châtaigniers que l'on cultive dans les montagnes de Pise , il en est beaucoup de domestiques que l'on appelle encore maroniers , et qui se greffent : ils sont de deux especes. Les autres sont sauvages et sont provenus des rejettons sans greffe. Quoique les marons domestiques soient infiniment meilleurs à manger, on cultive cependant aussi les sauvages qui portent un fruit plus petit et moins agréable , mais qui produisent une plus grande quantité de fruits et qui ne manquent presque jamais de rapporter. Quoique les châtaigniers réussissent parfaitement bien sur ces montagnes , je ne puis cependant croire qu'ils soient originaires de cet endroit, et qu'ils y soient venus naturellement : je présume plutôt, qu'ils auront été plantés par les habitans, en place de pins , pour en retirer plus d'avantages. Le nom de châtaignier sauvage , ne peut point faire ici d'équivoque, parce qu'il ne désigne point un châtaignier , qui naît de lui même sans le secours de la culture, comme

les pruniers et les poiriers sauvages , &c.
mais un châtaignier , qui n'est point greffé
sur un maronier , et qui produit un fruit
plus petit et moins agréable que le maronier. Car les maroniers ne viennent que
par le moyen de la greffe, et en les plan-
tant , il en provient des châtaigniers sauvages. On ne cultive les châtaigniers sauvages dans toute la Toscane , que pour qu'ils
se couvrent de fruits ; et sans culture , ils
ne peuvent naître, ni produire d'eux-mêmes,
précisément , parce qu'ils ne sont point des
plantes naturelles du pays.

Pour pouvoir conserver les châtaignes, et
les rendre propres à être moulues , on les
fait sécher peu à la fois, dans des seccatoï.
Ce sont de petites maisonnettes quarrées ,
construites exprès dans les châtaigneraies ,
et qui ont une petite porte au niveau du
terrein , dans le milieu de laquelle on fait
du feu. Au lieu de plancher, il y a en haut,
à travers la maisonnette , une rangée d'é-
chalas de châtaigniers , fixés dans le mur
et placés l'un à côté de l'autre ; de maniere
qu'ils ne se touchent point , mais laissent
certains intervalles entre eux. Au-dessus de
ce plancher d'échalas, se trouve un espace

vuide , qui a pour faîte le toît même couvert en pierres. Mais entre le toît et le sommet des murailles , il y a de grandes ouvertures, par lesquelles on jette les châtaignes fraiches sur le plancher d'échalas , et
ensuite on les retire, quand la chaleur du feu,
allumé sur le plancher inférieur , a fait évaporer l'humidité qu'elles renfermoient. Le
méchanisme si simple des seccatoï à châtaignes , pourroit servir de modele pour construire à peu de frais des étuves, qui servi-
roient à faire sécher, et à mieux conserver
d'autres productions de la terre. Notre digne concitoyen Barthélemi Jutieri , a rendu
un service important à l'humanité, par l'in-
vention précieuse de son étuve à grains.

SUITE DE LA DESCRIPTION DE LA VALLÉE
DE BUTI.

LES pins qui se trouvent , tant dans cette
vallée , que sur tout le reste des montagnes
de Pise , sont tous , autant que j'ai pu le
remarquer , de l'espece suivante.

« Pinus Sylvestris Montana , et maritima
procerior , foliis palmaribus crassis pera-
maris, fructu angusto pyramidato spithamam

longo , deorsum reflexo, cum squamis ele-
vatis , et cuspidatis Mich. H. Flor. pag.
161, n°. 2. Pinus maritima altera Matth. I ,
112, 1, B. 1 , 258. Pinus maritima 11, Ta-
bern. Jc. 937 , Lugd. 45. Pinus sylvestris
maritima , conis firmiter ramis adhærenti-
bus J. B. 1 , 257 , desc. Pinaster Gœsalp.
130. Mich. Rar. »

Lorsqu'il croît dans un terrain plus avan-
tageux, il parvient à une hauteur très-grande.
Ses branches se divisent ordinairement de
trois en trois ; et à ces divisions, se trouvent presque toujours trois pommes, qui y
sont fortement attachées, et qui, lorsqu'elles
viennent à s'entrouvrir , laissent tomber
leurs petits pignons, qui, ensuite, sont dis-
persés ça et là , par les vents. Ils produisent beaucoup de résine , et en produi-
roient encore bien davantage , si l'on vouloit en prendre soin. Je crois qu'on pourroit
l'employer utilement pour les arts. « V. Salo-
moins Reiselii Anatome Picæ , Abietis , Pi-
nique Sylvestris, in Act. Acad. Nat. Curios.
Anni 1699. App. p. 3, Ehr. Hagendonni de
Oleo Conulorum Pini distillato et de singulari Odontalgico ex Magniate Olei Pini ,
ibid. anno 1684. obs. 22 et 23 ; Jo. Conr.

Axtii Diss. de Arboribus Coniferis et Pice conficiendâ, Jenæ 1679, *in* 12. Caroli Linnæi Flora Lapponica, pag. 276. » Pour la maniere de faire la poix Grecque, voyez Audeber, voyage d'Italie, part. 2, pag. 292.

Les pierres qui composent ces flancs, sont disposées en filons courbes, qui ont différentes inclinaisons et hauteurs ; mais elles sont presque toutes de la même espece. C'est une pierre qui semble composée d'une poussiere grisâtre, ou jaunâtre, ou verte, avec une infinité de petites lames de talc argentin. Elle occupe un grand espace de terrein sur les montagnes de Pise ; mais j'en parlerai plus au long ci-après.

Je passai ensuite sur les flancs, qui regardent le midi, dans lesquels se trouvent des pierres absolument différentes, et dont les filons ont des inclinaisons directement opposés. Sur le côté appellé Magnoli, on voit une enfilade immense de rochers, qui commence du levant, et s'éleve vers le couchant, comme une grande muraille escarpée, au-dessus d'une pente, composée de pierres similaires, mais disposées en filons applanis. Ces rochers sont des masses énormes, d'un caillou très-dur.

Comme la nuit commençoit à approcher, je hâtai mon retour à Buti, et j'arrivai à un lieu appellé Saint George. Pour aller de cet endroit à Buti, on traverse la plaine étroite de la vallée, plantée de vignes très-favorablement situées. Sur les murs qui servent à séparer quelques-unes de ces vignes, j'ai observé qu'il croissoit une grande quantité de lierre.

« Fragraria steriles minor, non repens, acaulos ferme, Flore minimo ex albo carneo, petalis cordatis Micheli H. Flor. pag. 38, n°. 7 et pag. 136. »

CULTURE DES OLIVIERS SUR LES MONTAGNES DE PISE.

La culture des oliviers, et la fabrique de l'huile, sont l'objet le plus important de l'industrie des habitans des montagnes de Pise, et ils en retirent un profit considérable.

Cette culture diffère entierement de celle qui est en usage dans les autres provinces de la Toscane. Sur les montagnes de Pise, excepté dans quelques endroits du côté de Ripafratta, on ne plante point les oliviers en plaine , entre les vignes ; mais on en forme des bois. De maniere que , dans un terrein destiné aux oliviers , on ne peut point semer de bled , ou aucun légume quelconque; excepté des lupins et du seigle, qui y réussissent parfaitement bien , sans nuire aucunement aux oliviers.

Sur les montagnes de Pise , on ne fait point de greffes , comme dans le territoire de Florence; mais on plante des rejettons, c'est-à-dire , des jets assez considérables, dé-tachés des anciens arbres, avec une portion du pié et des racines. On piante aussi des branches taillées de quelqu'arbre avec une portion de quelqu'autre plus ancien. On fait cependant des greffes , comme dans le territoire de Florence ; mais ce n'est que pour les vendre aux habitans des collines.

Les oliviers et les châtaigniers, sont toujours plantés sur les flancs des montagnes , dans des lieux qui portoient auparavant des pins. Quand on veut faire une nouvelle plantation, on enleve les pins, on laboure la terre , et on la brise avec le pic, ou de la poudre, pour en construire les aqueducs, les murs , &c.

Les lieux où croissent les pins , sont sous

une jurisdiction privée, attribuée au bureau
des fossés de Pise , par le grand duc Ferdinand Ier., et on ne peut point en abbattre,
sans la permission expresse de ce bureau.
Pour comprendre combien, depuis quelque
temps, les plantations d'oliviers se sont mul-
tipliées sur les montagnes de Pise , il suffit
de savoir, qu'aujourd'hui le bureau des fossés,
n'accorde que très-difficilement la permission d'abattre des pins , pour planter des
oliviers , dans la crainte où l'on est que
les pins ne viennent un jour à manquer,
pour les travaux nécessaires du bureau et de
l'arsenal.

Quand le terrein est bien labouré et dé-
barrassé des pierres et racines de pins ,
myrtes et arbrisseaux qui pouvoient s'y trouver , on y fait des trous , ou fossés quarrés , et on les creuse comme le font les
Florentins. Outre cela , on forme dans le
fond, un petit fossé , qui sert à écouler de
la premiere fosse toute l'eau de pluie , qui,
autrement, pourroit s'y amasser et y séjourner. Ce petit fossé s'appelle le scialo , et on
m'a fait connoître qu'il est d'une grande
importance , d'autant que le rejetton périt promptement , si ses racines demeurent

dans l'humidité. On creuse aussi un tel fossé, ou scialo pour les châtaigniers. Peut-être bien cette précaution , n'est-elle né-cessaire dans la vallée de Buti , que parce que l'eau , dans l'hiver, pourroit gêler au-tour des racines , ce qui fait qu'elle devient inutile dans la vallée de Calci , où il fait plus chaud.

J'ai entendu dire, qu'en Provence, les oli-viers sont plantés en terre avec leur tronc : de maniere que les feuilles ne commen-çant , que du niveau de la terre, ne s'éle-vent pas à une hauteur plus grande que celle d'un homme. Sur les montagnes de Pise , ils s'élevent comme tous les arbres. Leur tronc est nu et tout uni , et de sa cime partent toutes les branches. On ne les laisse cependant pas grandir, et on n'élague point leur feuillage, comme dans la campagne de Florence, où on est forcé de le faire , pour qu'ils n'ombragent pas trop les plantes que l'on cultive dessous, et qu'ils ne souffrent pas tant des brouillards sur les montagnes de Pise , et sur-tout dans la vallée de Buti, les troncs sont à peine de la hauteur d'un homme. On ne s'occupe point à les faire venir droits , mais on les laisse croître au hazard , et étendre leurs branches ; dans toutes sortes de directions. On ne les taille point ; on n'élague point les vieilles branches : à peine même, abat-on celles qui sont mortes , ou desséchées. Seulement , lorsqu'un olivier commence à vieillir , on le taille , et alors on ne laisse venir que les jets qui s'élèvent du pied , et que l'on laisse même croître sans cela avec le tronc de l'arbre. De-là vient que, quand une plantation a quelques années, on trouve rarement des troncs seuls et nus; mais au contraire, presque tous, sont environnés d'une infinité de leurs rejettons , comme il arrive à ceux des châtaigniers : néanmoins, on n'y laisse point croître autant de feuillages, que j'en ai vu dans la plaine de Sco, dans le Val-darno supérieur. De ce que ces troncs se trouvent si près l'un de l'autre , il résulte qu'ils ne peuvent point étendre leurs branches en sphere , comme ils font dans le territoire de Florence. Mais ils sont élancés, et leurs branches très-longues et très-minces, se portent naturellement du côté où elles trouvent l'air plus libre.

Dans le territoire de Florence , c'est un principe d'agriculture reconnu , qu'il ne

fau

faut laisser aux oliviers qu'un feuillage
très-clair , afin que les brouillards et les
gelées blanches ne puissent point leur nuire
en s'y arrêtant, et détruire les fleurs et les
rameaux naissans. Mais sur les montagnes
de Pise, on n'a point cette crainte , et l'on
ne prend point tant de soin, même de ceux
qui se trouvent dans les lieux exposés aux
brouillards. Je ne saurois donner d'autre raison de ces deux différentes pratiques, que la
différence du climat et des brouillards ;
comme je ne puis pas dire non plus, quelle
est la plus avantageuse.

C'est encore une coutume, sur les montagnes de Pise, de renouveller souvent les oliviers, c'est-à-dire, détailler les troncs les plus
gros, et d'élever les rejettons , parce qu'on
prétend que les jeunes oliviers produisent
plus de fruits que les vieux. Quoiqu'il en
soit , on m'a fait voir dans la vallée de
Calci, plusieurs oliviers qui ont survécu au
froid de 1709. Ce sont des arbres monstrueux et très-vieux, et qui, néanmoins, produisent chacun plusieurs sachées d'olives.
Il est imposible d'évaluer le tort qu'a fait
à ces pays , le froid horrible de cet hiver
cruel : il y a eu peu d'oliviers, qui ne

se soient ressentis de sa fureur. La plus grande partie des arbres qui existent maintenant , sont les restes de ceux qui ont été mutilés par le froid , où sont les nouveaux rejettons de ceux qui ont péri. De maniere qu'on voit de tous côtés, dans ces vastes lieux, des oliviers jeunes , de la plus belle apparence , et qui rapportent une quantité de fruits étonnante.

On cultive différentes especes d'oliviers, et les habitans m'en firent voir de celles que l'on trouve dans la haute Toscane ; mais ici , elles ont changé de noms , et j'ai oublié de les marquer. Les plus communs , sont les oliviers blancs , les *infranfoï* et les *morchiaï.*

Le terrein où l'on plante les oliviers , ne sert à aucun autre usage , comme je l'ai déjà dit. Tous les deux ans , s'il n'est pas gras , et seulement tous les trois ans, quand il l'est , on le bêche et on le retourne. On y fait ensuite, de distance en distance, des levées , ou digues pour le contenir , et ensuite on y creuse de grandes fosses dans lesquelles on pratique aussi un autre petit fossé, pour l'écoulement des eaux. Dans la vallée de Calci, on avoit pour coutume autrefois, d'élever le terrein autour des oliviers , en forme de monticule ; mais à présent on l'applanit , parce que l'expérience a fait connoître que l'eau s'écouloit trop-tôt par ce monticule , et qu'on regarde comme une précaution de la derniere importance, de donner à l'olivier un dégré médiocre d'humidité. Tous les trois ans, ordinairement, on fume les oliviers ; et l'on préfére le fumier de brebis. Même dans l'hiver , ils les font descendre des montagnes, et les laissent paître parmi les oliviers, pour en obtenir le fumier.

En 1742 , les oliviers sur toutes les montagnes de Pise , étoient tellement chargés d'olives , qu'ils promettoient la récolte la plus abondante. J'ai vu même , des branches que le poids de leurs fruits avoit fait rompre. Depuis les premieres pluies des mois d'août et septembre, plusieurs oliviers étoient refleuris , et je remarquai beaucoup d'olives de septembre, mêlées avec celles de mai , pas plus grosses que de la vesce , et cependant parvenues à maturité. «V. Jo. Gottohfr. Buchneri de floribus insueto anni tempore Pestem prænunciantibus, deque arboribus bis in anno fructus ferentibus , in actis Physicomed. Acad. Nat. Curios. vol. 4. obsc. 70. »

Ce phénomene sert à nous expliquer la raison, pour laquelle la végétation et la fructification des plantes entre les tropiques, est infiniment plus heureuse et plus abondante que vers les poles. L'humidité de la terre et la chaleur de l'air, sont les principales causes de la végétation et de la fructification. C'est pourquoi dans ces parties de la zone torride, où la terre est fort humide, les plantes conservent leur vigueur pendant huit mois de l'année au moins, et ne cessent de rapporter des fruits successivement, et sans jamais perdre leurs feuilles comme chez nous. Les cédrats et autres fruits acides, transportés en Europe, s'y couvrent deux fois l'an de fleurs et de fruits. D'un autre côté, les voyageurs nous assurent, que les vignes et les autres plantes de nos pays, cultivées dans la Zone Torride, n'y perdent jamais leurs feuilles, mais y produisent des fruits plusieurs fois dans l'année. En Sicile, pays très-chaud, en comparaison du nôtre, il y a des vignes qui portent des grappes, jusqu'à dix fois l'an. Et dans nos pays mêmes, s'il arrive que l'automne ressemble au printemps, nous voyons aussi-tôt reparoître les fleurs de cette saison, telles

que la rose, la violette ; &c. Mais par malheur, il survient inopinément un jour de
froid, ou une gelée blanche, qui détruit
en un instant, l'espoir trompeur de ce
printemps prématuré. C'est l'accident qui
nous arriva le 20 novembre 1763, qu'une
chute fatale de neige, dévasta en quelques
heures, nos jardins et nos campagnes, d'autant qu'elle trouva la végétation avancée par
un automne chaud et humide. Procopio parle
aussi d'un automne très-chaud, durant lequel toute la nature se renouvella. J'en ai
rapporté moi-même d'autres exemples dans
la Chronique météorologique de la Toscane, insérée tom. Ie. de l'Alimurgia, pag.
178, et à la pag. 31 et 180, j'ai encore parlé
de la culture des oliviers en Toscane.

Le nombre incroyable d'oliviers, que l'on
cultive sur les montagnes de Pise, semble
d'abord promettre des récoltes immenses
d'huile ; cependant elles sont rarement abondantes, parce que les intempéries de l'air,
causent trop de dégats. Outre cela, il y a
quantité d'animaux, qui dérobent les olives
pour s'en nourrir. Mais les plus dangereux
de tous ces ennemis, sont certains vers qui
naissent dans la pulpe des olives, la mangent

et la corrompent , de maniere que l'huile qu'on en extrait , est appauvrie et de mauvais goût. Ce fléau des oliviers a déja commencé à se multiplier sur les montagnes de Pise. Il parut d'abord sur le mont Morello, et se répandit de là sur une grande partie du territoire de Florence. Les paysans l'appellent la galle de l'olivier. Ce n'est autre chose que certains bourgeons, qui se forment le long du tronc et des branches de l'olivier , et qui sont produits par des vers nés dans l'intérieur de l'arbre. Ces vers en rongeant continuellement , brisent les canaux , déchirent les pores des branches , corrompent le suc , enfin font dépérir la plante , qui se reconnoît aisément de loin au peu de fruit qu'elle porte. Ils naissent des œufs déposés par quelque mouche, sous l'écorce des oliviers. Le territoire de Florence en reçoit un dommage considérable, et si les cultivateurs des montagnes de Pise ne prennent pas plus de précautions , tous leurs oliviers s'en trouveront bientôt infestés. Le seul remede que l'on emploie dans le territoire de Florence , est de couper et brûler les branches où cette galle se trouve en plus grande abondance. On devroit essayer

quelque mixtion, dont on enduiroit ces bourgeons au commencement du printemps, lorsqu'ils commencent à paroître , et qui pût
faire mourir ces vers , sans endommager
l'olivier. On pourroit, par ce moyen, arrêter
la multiplication de ces animaux destruc-
teurs , et en peu d'années , on pourroit en
délivrer entierement les campagnes sans mu-
tiler les oliviers de cette maniere barbare.
La lie d'huile, ou même la vieille huile pourroit être propre à ce remede.

J'ai tâché de découvrir si les oliviers de
ces montagnes produisent de la résine , comme ceux de la Calabre et de la Pouille ; si
toutefois la résine d'olivier exhale une
odeur de vanille, quand on la brûle. Je n'ai
pas pu parvenir à en trouver. Néanmoins ,
quelques paysans m'ont dit en avoir vu , et
m'ont assuré qu'elle avoit la même odeur.
Je ne saurois dire non plus , si les oliviers
de ces montagnes , et, à plus forte raison ,
ceux de Pietra Santa, donnent la manne ,
ou elœomele, comme ceux de Provence, qui,
au rapport de Mathias de Lobel , en produisent une quantité prodigieuse : c'est une
chose étonnante qu'un arbre comme l'olivier , qui est rempli dans toutes ses parties

de sucs amers, au temps où les olives sont mûres et bonnes à cueillir, ce qui arrive en Provence à la Sainte Catherine , distille ensuite de ses rameaux les plus tendres comme de ses branches les plus fortes , lorsqu'on les entaille , un suc doux comme le miel , qui enfin se condense au froid et devient semblable à de la manne.

MANIERE DE FAIRE L'HUILE SUR LES MONTAGNES DE PISE.

Au mois d'octobre, lorsque les olives commencent à murir, on nettoye le terrein et on en arrache l'herbe, afin de pouvoir appercevoir promptement les olives qui sont tombées, et les ramasser avec plus de facilité. On ne les cueille pas toutes en même temps , comon le fait dans le reste de la Toscane ; mais on les laisse tomber d'elles-mêmes , de maniere qu'on est sûr de les avoir parfaitement mures. Le temps de la récolte commence donc naturellement, lorsque les olives commencent à tomber , c'est-à-dire, vers la fin d'octobre, et dure jusqu'au mois de mai , ou, pour mieux dire, jusqu'à ce queles olives cessent de tomber d'elles-mêmes.

Quelquefois alors, on secoue légérement les branches de l'olivier, avec une baguette, pour en faire tomber les olives les plus mûres. Chaque soir on fait le tour du bois, pour ramasser celles qui sont tombées dans la journée , de peur qu'elles ne se gâtent en demeurant sur la terre. On les étend ensuite sur une terrasse, jusqu'à la hauteur de quatre doigts, et on les laisse ainsi se-cher et faner pendant l'espace d'environ un mois , ayant soin de les retourner chaque jour , avec une pelle de bois pour les empêcher de moisir. On les ramasse en-suite, et le jour suivant on les fait broyer. On prétend qu'il faut absolument les éten-dre de cette maniere ; et que si on les fai-soit broyer sans cela , il n'en sortiroit point d'huile. On les broye dans un vase , ou plat de pierre , par le moyen de meules que l'on fait passer dessus toutes droites, comme dans nos pays , mais qui reçoivent leur mouve-ment de l'eau. On broye environ dix hot-tées d'olives à la fois. La premiere presse ne se fait point fortement , et l'on n'éca-che que très-peu de noyaux , afin d'ex-traire d'abord l'huile la plus fine. On fait ensuite deux autres presses sous la meule ;

mais alors on écache les noyaux, et l'on retire une huile , qui sans être égale à la premiere , n'est pas moins bonne qu'aucune
huile de la Toscane. Si les olives se sont
trop dessechées sur la terrasse , quand la
meule tourne on jette dans le plat de l'eau
chaude, mais non bouillante ; et l'on se
sert d'eau froide, pour faciliter l'écoulement
de l'huile dans la seconde , et la troisieme
extraction. Le marc des olives ainsi broyées,
se met ensuite dans des cabas, que l'on appelle buche, et on le presse encore dans le
pressoir à deux vis. Il en sort de l'huile qui
tombe dans un récipient appellé capitello,
d'où on la transvase dans un autre, avec de
l'eau froide , et on la laisse ainsi égoutter
une journée entiere et passer à travers certains cribles , ou tamis placés exprès pour
mieux la séparer de la lie. Enfin on la met
dans des cruches , où elle s'éclaircit et ac-
quiert son dernier dégré de perfection. Les
meules sont de pierre Verrucane, et presque
toutes sont mises en action par l'eau. Quand
le premier broicment est fait , on couvre
la terrasse d'une nouvelle récolte d'olives ,
et on fait le second , et ainsi de suite, tant
qu'il y a des olives ; ce qui dure tout l'hiver

et non quelques jours , comme chez nous.

Les huiles de ces pays sont exquises et très-renommées ; mais on prétend que la plus parfaite de toutes se fait sur le mont Castellan , au-dessus de Saint Jean alla Vena , et on assure qu'elle n'est pas moins délicieuse que celle de Provence.

Voyage de Buti a Saint Jean a la Veine.

MERCREDI 10 octobre , je partis de Buti , et je m'acheminai vers Saint Jean à la Veine. J'arrivai bientôt à Vico Pisano , qui étoit autrefois une terre considérable , située sur une montagne isolée , qui n'est qu'une division des montagnes de Pise , dont elle n'est pas encore entierement détachée du côté du couchant. Je partis ensuite de cet endroit , et en suivant la route , qui est entre la Serezza et le pied de la montagne, j'arrivai à Saint Jean à la Veine , village sain et favorable au commerce. Il est situé au bas d'une montagne séparée de celles de Pise, et baignée par l'Arno.

MINE DE CUIVRE DE SAINT JEAN A LA VEINE.

JEUDI 11 octobre, je résolus, malgré la pluie, de visiter les montagnes circonvoisines. On m'indiqua le lieu, où, il y a quelques années, on a creu é pour trouver une certaine Mine de cuivre, que les paysans prétendent être d'or. Ce terrein est composé d'une espece d'ardoise infiniment plus dure que celle du territoire de Genes, disposée en gros filons tortueux et de différentes couleurs, comme argentine, bleuâtre, jaunâtre, couleur de chair et de brique rougeâtre. Ces trois dernieres couleurs lui sont communiquées par une ocre fine et rouge, qui est placée entre ces filons, et dont l'eau qui la mine fait ensuite des dépôts dans l'ardoise. J'ai ramassé de cette ocre dans quelques fentes ; elle est farineuse et très-légere. La plus grande partie de l'ardoise, qui se trouve dans ces environs, est d'une couleur de verd argentin. Elle n'est pas très-dure, elle est même en partie friable. Il y a encore quelques filons d'ardoise plus dure, et d'une couleur qui tire sur le verd. J'en ai rompu quelques morceaux , et j'ai trouvé que les bords en étoient reluisans et doux au toucher. J'ignore si c'est-là la pierre dont on se sert pour re-passer les rasoirs avec de l'huile , et que , suivant ce que j'ai entendu dire , on tire des montagnes de Pise.

Dans d'autres parties de ces montagnes, et particulierement dans la vallée de Buti, j'ai trouvé des filons d'une pierre verte , semblable à celle que je viens de citer , luisante à la vue , douce au toucher ; mais néanmoins plus dure. Elle m'a paru ressembler à la pierre de rosine dont on se sert pour doubler les fourneaux à fondre le fer. Enfin il faut observer que l'ardoise argentine, que j'ai décrite ci-dessus , est absolument semblable à celle de Seravezza , dans l'intérieur de laquelle se trouve la mine de mercure , ou de cinabre , que l'on appelle pierre morte.

Ces filons d'ardoise sont séparés l'un de l'autre, par de gros amas de tarse, ou quartz, ou quelquefois de matrice de crystal , dans l'intérieur desquels , j'ai trouvé un peu de mine de cuivre et même de fer. Maintenant on a enlevé tout ce qu'il y avoit de cuivre

dans ce creux , et comme la veine n'étoit
pas profonde , on n'y en trouve plus. J'en
conserve dans mon cabinet, des morceaux ,
que j'ai eus en 1735 , et qui prouvent combien cette veine étoit belle. Mais c'étoit du
cuivre piritique , c'est-à-dire , mêlé d'une
grande abondance de cette marcassite feuil-
lée couleur d'or , qui accompagne ordinairement la mine de cuivre, et qui avoit
donné une teinte verte à une grande partie
de la matrice de crystal, dans laquelle elle
se trouvoit renfermée, et l'avoit rendue semblable au marrube ou plasme d'émeraude.
J'en trouvai quelques morceaux , près de
cette petite fosse , que, vraisemblablement,
les mineurs avoient jettés, parce qu'ils avoient
été trop endommagés par les injures du
temps. Ils me servirent à découvrir , que la
matiere , qui forme le corps de la mine, et
donne une teinte verte au quartz , est un
amas épais de lames, ou écailles minces de
talc verd , pétrifiées en un bloc, et qui s'attachent au crystal. Il y a encore d'autres
morceaux de crystal , qui ont pris une couleur d'or magnifique , et qui approche de
ces couleurs , que prend le verre , lorsqu'il
a demeuré long-temps sous terre. Je doute

que cette teinture soit véritablement d'or.
Je crois plus volontiers que c'est une émana-
tion de la marcassite , dont j'ai parlé plus
haut, ou de matiere ferrugineuse.

J'ai remarqué dans d'autres filons de cette
ardoise argentine, des especes de sinuosités
où il y avoit un amas de matrice de crystal
mêlée avec cette mine de fer.

Dans le Musée de Ginori de Doccia, il se
trouve une terre blanche , qui approche de
la mine de cuivre de Saint Jean à la Veine,
et qui , à l'eau forte , paroît ferrugineuse
et se dissout trois dégrés , avec ébullition
un dégré, et qui dans le feu des porcelaines
reste couleur de brique quatre dégrés, blanche; on y trouve aussi une autre terre blanche de la communauté de Saint Jean à la
Veine , sur le chemin de la Croix, qui , à
l'eau forte , paroît ferrugineuse et se dissout deux dégrés , et dans le feu des porcelaines reste couleur de brique quatre dégrés , jaunâtre. Enfin, on y trouve encore
une autre terre blanche de la communauté
de Vico Pisano, qui , à l'eau forte , se dissout un dégré , et dans le feu reste couleur
de brique quatre dégrés , d'une couleur
sombre.

RÉFLEXIONS SUR LA FORMATION DE LA BRIQUE ET DU GRAVIER.

DANS l'enfoncement où étoit la mine, je remarquai une espece de brique toute particuliere. Elle étoit composée de morceaux irréguliers des filons d'ardoise dont j'ai parlé, joints ensemble par une substance un peu pierreuse, pareille au tartre qui couvre les aqueducs, blanchâtre, ou légérement teinte du rouge de l'ocre dont nous avons fait mention. Elle étoit disposée en filons très-gros et tortueux, mêlés avec des filons d'ardoise. Il semble, à la premiere vue, que ce soit un gros pan de cette ardoise, qui s'étant détaché et réduit en poudre, a été ensuite inondé par des eaux remplies de tartre et de corpuscules terrestres; et que ces corpuscules s'y étant amoncelés, ont enfermé les morceaux d'ardoise, et formé ainsi la pâte dont cette brique est composée. Ce sont peut-être de pareilles eaux, qui ont formé d'autres amas semblables, et qui ayant ensuite acquis beaucoup plus de dureté, ont reçu, de nous, le nom de marbres mélangés et de briques.

En

En continuant de monter vers la cime du mont, appellé Castellare , je rencontrai une quantité prodigieuse de très-grosses masses, composées de petites mottes à angles, d'une terre ordinairement couleur de cendre , ou plombée , et quelquefois blanchâtre , rougeâtre, ou mêlée de toutes ces couleurs. Toutes ces parties sont liées ensemble, et formées en masses par un mastic ·de tartre , qui les enferme , dont une partie est de la même substance que celui qui se trouve dans les masses de brique , d'ardoise, décrites plus haut, et l'autre partie ressemble plus à la sélénite , parce qu'il se détache en lames assez transparentes , qu'avec un peu d'effort il se réduit en poudre blanche et rude , et forme, de distance en distance, certaines petites cavernes, dont les parois intérieurs sont couverts de petits obélisques transparents, à trois faces , avec de petits morceaux de matrice de crystal , qui y sont aussi incorporés. Ces masses diffèrent entr'elles , par rapport à la grosseur, et à la dureté des liaisons de tartre et des mottes de terre , qui y sont comme emprisonnées. Quelques-unes d'elles , ne sont point parvenues au dégré de la pierre , mais ont été converties en limon , et emportées

<table><tr><td>Tome I.</td><td>N</td></tr></table>

par les eaux du ciel ; de maniere qu'en laissant vuides les petites cavernes qu'elles occupoient d'abord , elles font paroître ces masses , spongieuses et remplies de cavités. D'autres ensuite, ont acquis un dégré de pétrification , plus fort que la masse de tartre , qui sert à les lier. C'est ce que l'on découvre aisément, parce que les injures du temps ont miné et décomposé la substance du tartre , et ont laissé isolées et découvertes, les mottes de terre dont on trouve encore quelques-unes qui se sont détachées et éboulées le long de cette côte. Elles ressemblent en tout , à ces pierres écornées que forme le gravier des rivieres. Enfin la plûpart sont d'une dureté égale à celle de la pâte de tartre, dans laquelle elles sont enfoncées. C'est ce qui fait que ces masses , lorsqu'elles sont sciées et applanies, paroissent être des briques très-belles et tachetées diversement. Et ce n'est pas seulement sur cette montagne que j'ai remarqué cette sorte de pierre , qui varie un peu dans la couleur et la grandeur des petites mottes de terre ; j'en ai encore remarqué de semblables sur celles de Noce , d'Oliveto et de Caprona. Les masses les plus dures , sont d'une brique assez belle

et dont on pourroit se servir pour les or-
nements des édifices , en l'employant avec
d'autres marbres. Dans l'église de la Cano-
nica de Nicovia, à l'autel de Saint Laurent,
qui a été orné en 1721 , par les soins du
pere abbé Carlo Bellerini , on voit des fosses
rhomboïdales et octogones , faites de ces
briques d'Oliveto et Caprona , qui ont de
petits cailloux angulaires, bleuâtres, liés ensemble par une pâte de tartre rougeâtre ,
marquée avec des lignes , et qui ont pris
un très-beau poli. Il est vrai pourtant qu'on
pourroit en choisir pour les ouvrages, des
piéces plus belles , parce que sur les pierres
des routes de Pise , qu'on apporte de Caprona et d'Oliveto , on découvre , après la
pluie , une infinité de taches de différentes couleurs , qui font plaisir à voir. J'en
conserve beaucoup de morceaux dans mon
cabinet. On transporte de ces mêmes pierres , jusqu'à Livourne , et elles servent à
paver les rues de cette ville. C'est de ces
pierres qu'il faut entendre ce que dit
l'auteur du Telliamed à la pag. 53 , au
sujet de la cause de ces taches. Si l'on ré-
fléchit bien sur la construction de ces pierres, telles qu'elle a été décrite, on comprendra

facilement la formation de plusieurs sortes
de brique et l'origine de certains cailloux
semblables au gravier ordinaire des fleuves,
qui se trouvent dans quelques montagnes;
mais qui sont aisément distingués des autres
en ce qu'ils ont été évidemment écornés,
en roulant dans quelqu'eau courante. C'est
ce que n'a point observé le grand Leibnitz
au paragraphe 14 de sa Protogée.

GLANDS DE PLOMB.

Sur la côte de cette montagne, qui regarde le levant, on trouve souvent de
certains glands de plomb, qui pesent jusqu'à 21 gros et même quelquefois une once.
Ils ont la forme de deux conoïdes hyperbo-
liques, joints à la base, et en quelque
sorte semblables aux pierres judaïques. Ce
sont les glandes *plumbeae*, qui servoient
anciennement pour lancer avec les frondes,
et qui ont été décrites et représentées par
Juste Lipse, *de Militiâ Romanâ*, par Ulysse
Aldovrando, *Mus. Metal.* p. 176, et par le
P. Fil. Bonanni, *Mus. Kirch.* pag. 207, planche 66, n°. 12.

Un berger qui restoit l'hiver sur cette

montagne, s'occupoit à en chercher et en vendoit une grande quantité aux potiers de terre, pour composer la matiere à vernisser. J'en ai cherché moi-même, et même fait chercher par d'autres, mais je n'en ai jamais pu trouver que deux. J'en ai cependant vu plusieurs à Florence, au Museum de M. le chanoine Gio. Vincenzio de Marchesi Capponi, dans lesquels on voit une cavité quarrée, où il semble qu'il y a eu des lettres comme dans les glands représentés par Lipsio et par Aldovrando. Mais il est impossible de les distinguer maintenant, tant ils ont été usés à la superficie et réduits en céruse. La grande quantité qu'on prétend y avoir trouvé, semble déterminer à croire que le Castellare, étoit jadis une roche avant le temps de l'invasion des Barbares, et qu'il peut se faire qu'on ait livré une bataille dans laquelle la garnison de la roche, peut avoir lancé ces glands contre les assaillans.

GROTTES DE SAINT JEAN A LA VEINE.

JE m'en retournai ensuite vers la paroisse, au milieu de ces superbes bois d'oliviers , qui couvrent la montagne , j'apperçus beaucoup de grottes , qui y ont été creusées. Je descendis dans une de ces grottes , qui appartient au Curé , et qui est très-profonde et très-fraîche. Je reconnus que les masses étoient d'une nature semblable à celles du mont Castellare, c'est-à-dire , des amas de terre, plus ou moins pétrifiée, qui se trouvent dans une matiere composée de tartre , ou de spath. Les parois et liaisons étoient évidemment de spath transparent, comme du crystal en gros morceaux , divisible en feuilles, ou lames minces ; il s'y trouvoit aussi des cristallisations très-grosses, à trois faces triangulaires et semblables à celles que l'on rencontre si souvent dans les montagnes d'Alberese.

RÉFLEXIONS SUR LA FORMATION DU TARTRE.

JE crus encore, dans cette grotte, appercevoir la maniere dont se forme le tartre , ou stalacticte. D'un côté étoit un filet d'eau , qui pénétroit par la partie supérieure. Dans l'endroit baigné par cette source, il y avoit une incrustation de tartre, avec de petits mammelons , dont la superficie étoit couverte d'une pellicule de matiere blanchâtre, pâteuse, et qui au toucher paroissoit semblable à ce tissu, ou cette crême que forme le blanc à murailles, quand on le tient couvert d'eau dans un vase. Il ne laissoit aucun goût sur la langue, mais y laissoit une empreinte comme de la fleur de terre. Lorsqu'on le laissoit sécher sur les doigts, il restoit en poussiere très-fine, blanche, mais un peu rude. Enfin en l'exposant à l'air, une partie de cette croute sur laquelle il étoit, se séchoit après quelque temps, et s'attachoit fortement à ces mammelons de tartre qu'elle ne faisoit d'abord que couvrir. Je présume que les eaux du ciel, en s'insinuant entre ces masses, la plûpart composées de spath, ou de plâtre, peuvent en arracher un tissu très-fin qu'elles déposent ensuite, lorsque le mouvement vient à se ralentir. On peut ajouter à ce que je viens de dire, au sujet de la formation du tartre, ce que j'en ai dit, page 246.

Il est encore intéressant de lire la troisiéme lettre itinéraire de François Ernest Bruckman, qui a pour titre : *de Bellariis Lapideis Liptoviensibus Hungaricis*, et la description d'une grotte à Adelsperg dans

la Carintie , dans Marco Gerbezio , *Crono-*
logiae Medicopracticæ , anno 1 , §. 104.

VOYAGE DE SAINT JEAN A CAPRONA.

APRÈS diner , je m'avançai vers la montagne qui commande Cucigliana , dont la
partie supérieure est couverte de bois de pins,
et la partie inférieure de bois d'oliviers. Je
partis le lendemain de Cucigliana, et je pris
la route de Piémont. On l'appelle ainsi ,
parce qu'elle cotoye le pied de la montagne.
J'arrivai bientôt au village de Noce , situé
dans la plaine , qui avoisine la montagne
et environnée par le fleuve Arno.

OBSERVATIONS SUR LE BAIN ANTIQUE , ET SUR LA MOFETE DE NOCE.

A la main gauche de la route , il y a une
petite église antique, rétablie à la moderne,
que l'on appelle Saint Martin du baïn antique, sur le domaine de MM. Lanfreducci de
Pise. Ce nom lui vient d'un bain qui est
en face , du côté opposé à la route , et
qui fait maintenant partie du lit de l'Arno.
Ce jour là, le fleuve étoit gonflé et trouble

et couvroit le bain ; mais les paysans me dirent que quand le fleuve étoit plus bas , on découvroit les vestiges des anciens murs, et au milieu une marre d'eau formée par plusieurs sources d'eau. chaude , dans laquelle se baignoient ceux qui étoient attaqués de la galle , et ils en étoient promptement guéris. Je n'ai jamais pu parvenir à trouver la moindre description de ce bain dans aucun auteur.

Derriere la boucherie contigue à l'église, il se trouve une très-grande masse isolée , sous laquelle il y a une caverne de la nature des mofetes. On prétend que si des poulets , ou autres semblables animaux ont le malheur d'y entrer , ils meurent sur le champ. C'est pourquoi on la tient toujours fermée avec des branchages. On dit aussi que quand il doit pleuvoir, on sent un goût de soufre. J'y avançai ma tête, mais je ne m'apperçus d'aucune odeur , quoique le temps fût très-disposé à la pluie. Michel Moreilli, qui m'accompagna dans ce voyage, voulut y entrer, il n'y ressentit pas la moindre incommodité.

Suivant le rapport des habitans, les eaux de ce canton ne sont pas bonnes à boire,

et on ne peut point y creuser de puits. On
a même été obligé d'en combler un qui étoit
en face de l'hôtellerie , parce qu'il s'y formoit sur l'eau une pellicule, ou, comme ils
l'appelloient, loietta jaunâtre qui rendoit l'eau
infecte. Il y a aux environs quelques caves
construites, comme celles de Saint Jean à
la Veine et de Cucigliana , dans des cavernes naturelles , qui sont entre les masses.
Mais on n'y sent aucune odeur de soufre.

DESCRIPTION DES GROTTES DE NOCE.

Au dessus de l'église de Noce , du côté
du septentrion , il y a une grotte très-vaste
et si bien construite qu'on a bien de la
peine à croire qu'elle soit naturelle. Elle
est située sur une élévation au milieu du
flanc de la montagne , de maniere qu'elle
commande la grande plaine qui se trouve
au - dessous. Ce qui ajoute encore infiniment à sa beauté , c'est que le fleuve Arno semble se multiplier par des circuits
et des détours, pour embellir ce tableau.
On entre dans la grotte par une porte
très - large et très - bien percée. On arrive
ensuite à un sallon très-vaste , de forme

presque ovale , couvert d'une voute à coupole, et qui a sur les côtés deux ouvertures, ou portes semblables à la principale , et d'où on jouit du coup d'œil magnifique des flancs de la montagne. En face , il y a encore deux autres grottes latérales. Une d'elles ne l'est cependant qu'en partie. Celle qui est sur la gauche , est divisée en d'autres petites grottes , qui forment des appartemens , et il s'y trouve un petit surgeon d'eau. Le plancher est uni, et dans le milieu est une petite chapelle construite jadis par un hermite , qui l'a habitée très-longtemps. Les murs de la grotte sont bigarrés en forme de tapisseries et marqués par des croutes blanches de tartre , qui provient des mottes de terre rougeâtre, renfermées dans la masse.

On voit encore, sur cette montagne, beaucoup d'autres grottes , qui ne sont pas moins jolies et moins curieuses. Je me contenterai d'en décrire une que l'on trouve dans un bois d'oliviers , enclos de murs , avant d'arriver à Noce. L'entrée de cette grotte est fort large et va toujours en diminuant, à mesure qu'elle s'enfonce dans la montagne. Le plancher est fait en pente ;

et à l'entrée on rencontre une très-grosse masse ronde , isolée , placée près l'ouverture de la grotte. Derriere cette premiere masse, il s'entrouve deux autres, mais beaucoup plus petites , et derriere ces masses , il y a une longue suite de globes de pierres, qui décroissent graduellement, et dans une proportion parfaitement exacte , avec la largeur de la grotte.

On rencontre dans ces grottes une quantité infinie de ces incrustations de tartre , ou stalactite. Elles prennent différentes formes , suivant la différente courbure des parois. Il y en a même , qui pendent en forme de glaçons , comme l'a remarqué le grand Tournefort dans la grotte d'Antipatros. L'Aldrovrando a décrit de telles coagulations de tartre , *Mus. Metall.* pag. 503 , sous le nom de *stetechites pyramidalis*.

Le pere D. Claudio Fromont, professeur public dans l'Université de Pise , et mon ami intime , me communiqua dans une lettre du 18 septembre 1754 , la description suivante d'une autre grotte qu'il avoit vue sur ces mêmes montagnes de Pise. Il y a quelques années , dit-il , je me transportai à Lognano, village situé sur l'Arno, au-dessus de la ville de Pise, à la distance de sept ou huit mil'e. Aux environs de ce village, du côté de Pise, il y a une montagne appellée la montagne blanche, peut-être, à cause de la blancheur des pierres qu'elle renferme. A peu près aux trois quarts de sa hauteur, il se trouve un trou, par où peut passer un homme. Dans ce trou, je fis d'abord descendre, pour ma sureté, une lumiere, et ensuite un homme. Puis, je me fis descendre, moi-même, attaché par une corde jusqu'à la profondeur d'environ soixante coudées. Je m'apperçus bien-tôt que le trou s'élargissoit infiniment, et que d'un autre côté il se rétrécissoit, et se terminoit par une fente très - profonde. Au milieu de la descente, étoit une espece de petit roc, qui s'avançoit latéralement en dehors, et qui empêchoit la corde de tomber perpendiculairement. C'est-là que m'attendoit l'homme qui m'avoit précédé avec une lumiere. De ce poste, on découvroit l'intérieur de la montagne, tout couvert de fentes, comme si elle eût été ébranlée par un tremblement de terre. Je descendis ensuite dans le fond de la caverne, où se fit descendre aussi un de mes écoliers. Ce fond formoit, comme on dit, un dos d'âne, et étoit rempli d'enfoncemens, produits par les pierres énormes qui étoient tombées d'en haut ; ce qui rendoit le terrein si inégal, et si roide, que nous crûmes nécessaire de nous faire lier tous les deux par l'homme qui nous conduisoit, et de nous faire ainsi soutenir pour prévenir tout accident fâcheux. Ce qui me frappa le plus dans cette caverne, ce fut de trouver qu'on n'y respiroit un air nullement incommode, et néanmoins de n'y apperce-voir aucune trace d'animal quelconque. Je sentois cependant bien de la chaleur au dos, mais je l'attribuois à la difficulté que j'éprou-vois à me tenir ferme sur ces ruines. La grotte étoit divisée en deux parties, chacune des-quelles pouvoit avoir douze pas de diametre. On découvroit de-là des cailloux d'une gros-seur énorme, qui sembloient prêts à tomber. Mais il est impossible d'expliquer l'éton-nante diversité des figures produites par les *égouttemens* d'eau, qui avoient été formés des stalactites. Parmi celles de ces stalactites isolées, il y en avoit quelques-unes qui pen-doient de haut en bas, et d'autre qui s'éle-voient du sol. Les plus longues étoient de la hauteur d'un homme, et très-sonores. Quoi-qu'il n'eût point plu depuis deux mois, chacune de ces stalactites isolées, qui pen-doient de haut en bas, avoient à la pointe, une goutte d'eau ; de maniere qu'en en suçant plusieurs, je parvins à me désaltérer ; les matieres de ces stalactites étoient, dans chacune de celles que j'examinai, très-différentes pour la couleur, la consistance et la grosseur des substances concentriques dont elles étoient formées. Autant que je pus en juger à la simple inspection, ces substances m'ont semblé presque toutes de matieres calcaires, quoique quelques-unes d'elles parussent être plutôt de plâtre. Quelques-unes étoient plus crystallines, quelques-autres plus farineuses. D'autres aussi sembloient être composées d'une terre colorée, et qui n'a que très-peu de consistance. Enfin la partie la plus enfoncée de la grotte, n'étoit pour ainsi dire, qu'une fente large de quelques doigts, qui vraisemblablement aura, depuis, acquis une largeur plus grande. Je présume, autant qu'il m'a été possible de le conjecturer, que le fond de la grotte peut se trouver à peu près au niveau de la plaine ; qui est auprès « de la montagne, du côté de » l'Arno. » Quant à la formation des autres cavernes, il faut lire ce qu'en a écrit l'illustre M. de Buffon. Hist. Nat. t. 1, p. 544 et 570.

VOYAGE DE VERRUCOSA à CERTOSA.

OBSERVATION SUR LE CRYSTAL DE MONTAGNE.

POUR descendre à Certosa, je pris la route la plus escarpée, qui conduit à Nicosia, presque par une ligne droite. Mon but étoit de rechercher les crystaux de montagne, que le Césalpin assure s'y trouver. Ce n'est pas là le seul endroit, des montagnes de Pise, où se trouve ce crystal ; mais toute cette partie est encore composée de briques à meule, et de certaines pierres couvertes de sable et de fleur de terre ; c'est-à-dire, autant que je l'ai pu voir, depuis la vallée de Buti jusqu'à Asciano, où commence alors une autre nature de pierres, comme je le dirai ci-après. La matrice de ces crystaux est semblable à celle des diamans de Bristol, décrite par Boyle, *de Gemmarum origine et viribus*, page 10. Elle consiste ou en lames, dont sont incrustées les masses de la pierre sablonneuse, ou en liaisons et veines tortueuses et larges, qui s'insinuent entre les filons de la même pierre. De la matrice qui

inscruste

incruste les masses , s'avancent en dehors
les petits obélisques de crystal , et s'ils ne
trouvent point d'obstacle dans la masse voisine, ils s'étendent en ligne droite, et prennent
une forme très-réguliere. Mais si l'espace
est borné , alors ils s'étendent comme ils
peuvent , et souvent restent couchés , ils
s'entrelacent, et ne peuvent point donner à
toutes leurs faces un parfait développement.
Dans la matrice, qui passe à travers les filons
en forme de veines , il se rencontre rarement des crystaux parfaits; parce que la matrice étant composée de deux tables ou lames
en contact, au point d'où sortent les obélisques, ils ne trouvent, que difficilement,
dans ces assemblages de pierres , assez de
place pour pouvoir s'étendre , et laisser au
milieu une cavité, dans laquelle les obélisques puissent s'étendre.

Il s'ensuit de-là que la matiere crystalline
reste comprimée dans une pâte , sans aucune
forme de pyramide ou prisme , et ne diffère
de sa matrice, que par une couleur plus
transparente , et une dureté plus grande.
Cette pâte s'appelle tarse ou quartz, et c'est
peut-être le *lapis fusilis tertius ,* agric. de
Foss. pag. 273 et 274. On l'employe comme

ingrédiens, dans le verre, dans le crystal factice, et même dans la porcelaine. Dans la vallée de Calci, suivant ce que m'a dit le P. Dom Claudio Fromond, on trouve aussi de ces masses, remplies de concavités, toutes couvertes de gros obélisques de crystal, qu'elles laissent voir intérieurement, lorsqu'elles sont brisées. Il en conservoit, dans son cabinet, des grouppes superbes, avec des obélisques, qui, en grandeur et en transparence, ne le cédent point aux crystaux de la Suisse. On trouve encore des crystaux grouppés et unis, dans la brique à meules de Verruca ; mais rarement ils sont parfaits et entiers. J'en ramassai plusieurs piéces sur cette côte et ailleurs, et il s'en trouve quelques-uns qui sont extrêmement transparens et éclatans. Ils ont des obélisques qui imitent le marbre, plus ou moins blancs ; d'autres tachetés d'une couleur de brique ou de tabac, provenant d'une teinte de fer qui s'y trouve souvent mêlée, ou d'ocre rouge qui se rencontre dans les fentes des filons. Je ne trouvai point d'obélisques qui renfermassent aucuns corps hétérogenes, comme il arrive dans ces pierres ; mais le Pere Fromond m'en fit voir plusieurs, trouvés à Calci, au dedans desquels il y a une grande quantité de matiere verte à filaments, semblable à la moisissure. Voyez la description du grand morceau de crystal, rempli d'amiante des Monts Pyrennées, dans l'histoire de l'Académie royale des Sciences, année 1743, page 70.

Dans un catalogue que je fis en 1764, par les ordres de S. M. C. des objets qui composent la gallerie royale de Florence, j'ai donné la description d'une magnifique collection de crystaux de montagne renfermant des corps hétérogenes. J'en conserve moi-même, dans mon cabinet, une collection considérable. Depuis plusieurs années, quelques bergers s'occupent, avec soin, à chercher des crystaux de la Verrucola, qui sont plus beaux et plus vifs. Ils les vont vendre ensuite à Livourne, d'où on les envoye à Genève, pour les polir et en faire de petits boutons, des fonds de diamans, &c. On pourroit de même polir à Calci ces crystaux, et même avec un avantage singulier, par le moyen des machines, mises en action par l'eau, dont cet endroit abonde. Non-seulement on introduiroit par-là un nouveau genre d'industrie dans le pays, mais encore on y feroit rester beaucoup d'argent qui en sort tous les ans. Ces crystaux ont été décrits par le Pere Agostino del Ciccio, dans son *Traité des Pierres*, chap. 12. Ils ont encore été décrits par Aldrovando, dans son *Musaeum Metallicum*, page 943, en ces termes : *crystallini fluores veluti in uno lapide ut in centro coeuntes frequentes crystalli mullos mucrones et latera ostentantes ex Verruca, monte Agri Pisani*, et dans *le Museo Moscardo*, chap. 147 de cette maniere : fleurs crystallines, formant une seule pierre, qui renferme quantité de petits crystaux très-menus, et qui naissent dans le territoire de l'ise.

Je trouvai dans ces lieux quelques plantes de *thlaspidium montanum* (annuum) *hirsutum, angustiore folio, majus, calyce floris auriculato (fructu ampliore) capitulis oblongis II. Pis. Thlaspi quoddam genus in monte S. Juliani Cœsalp. 366.*

Voyage de la Certosa a Asciano.

Je partis de la Certosa, et m'avançai vers Ripafratta. Après avoir passé Vicascio, on rencontre un pan de la montagne qui s'a-

vance plus que les autres vers la plaine. C'est-
là que se trouve la ferme d'Agnano, qui
appartient aux Ducs de Massa. Par derriere,
la montagne forme une grande vallée, où
est situé le château. Ici cette montagne
change de nature. Car on n'y trouve plus,
si ce n'est dans certains endroits, de
pierres sablonneuses avec des crystaux de
montagne. On n'y trouve pas non plus cette
pierre, composée en grande partie de tartre
ou spath, ni des briques à meules de Verruca. Mais jusqu'à Asciano, on rencontre
des albereses ou pierres à Chaux.

OBSERVATIONS SUR LES SOURCES D'ASCIANO.

Dès que je fus arrivé à Asciano, je voulus
voir les sources des fameuses fontaines de
Pise. Elles se trouvent dans une vallée étroite
et tortueuse, creusée dans la montagne. De
cette montagne d'Asciano, au bord du mont
Bianco, sort l'eau précieuse acide, dite
d'Asciano, ou eau sainte, décrite par l'illustre Jean Bianchi, analysée avec le plus
grand soin, par le célébre docteur Barthelemi Mesny, et décrite dans le livre intitulé : Examen des eaux acides d'Asciano,

imprimé à Florence, en 1757, in-12. Elle fut découverte par mon estimable ami, le docteur Dominique Bazzanti, et employée depuis que j'ai fait ce voyage. Maintenant on en voit tous les jours des effets admirables, quand on la boit, soit pure, soit mêlée avec un peu de lait. Et ce n'est pas seulement quand on la prend sur les lieux, près de la source, lorsqu'il n'y a pas eu de longues et abondantes pluies, qu'elle produit ces effets surprenants ; mais elle conserve encore une grande partie de son acide minéral volatile, avec sa force et son efficacité. Dans la pratique de mon art, je puis me féliciter de plusieurs cures heureuses, que j'ai opérées à Florence, par le moyen de cette eau ; et c'est avec raison que je suis l'admirateur de son étonnante vertu.

OBSERVATIONS SUR LES MARBRES DE LA MONTAGNE DE PISE.

CETTE montagne est une portion des montagnes de Pise, remplie de précipices ; par sa couleur blanche, elle se fait aisément distinguer des côtes adjacentes, qui sont composées d'alberèse et couvertes de buissons.

On l'appelle montagne blanche, parce qu'elle est presqu'entierement composée de marbre blanc. Elle ne possède que peu de terre où les plantes puissent germer , parce que ses flancs, qui regardent le midi et le couchant, ont beaucoup d'inclinaison , et sont trop lavés par les eaux : de maniere que la terre ne peut y rester que dans les fentes. Une autre raison encore , c'est que le marbre dont elle est composée, ne se laisse point aisément réduire en poudre , par les injures de l'air. A la cime et sur le côté qui regarde le levant , elle est couverte de buissons épais et peu élevés, parce que la terre s'y maintient entre la tête des filons. Ces filons sont un peu inclinés à l'horison , et ont leur partie la plus élevée, dirigée vers le nord-est, et la plus basse, vers le sud-ouest. Ils n'ont aucun interstice de terre entre eux, mais le plus souvent un peu de tartre , et l'on en pourroit tirer de très-gros blocs. Il y a encore cet avantage , que les cavernes sont de niveau avec la plaine , de maniere que les travaux s'y font commodément, sans qu'il soit nécessaire d'y pratiquer d'ouverture , et en suivant la direction des filons qui sont presque droits. Il ne faut , pour ainsi dire, faire qu'une légere écorchure à la montagne. Le transport jusqu'à Pise, s'exécute facilement par le fossé navigable de Ripafratta qui en est voisin. Ces filons sont ordinairement d'une pâte blanche, qui ne l'est cependant pas tant que celle du marbre blanc de Carrara ou de Paros. Elle est d'un grain plus menu que celui de Carrara, mais elle demande plus de soin et se polit moins bien. Il y a des filons mêlés de veines verdâtres, jaunâtres, rougeâtres, ou mélangées de ces couleurs ensemble. Ces veines, dans quelques-uns, sont plus dures, dans d'autres plus tendres, que la pâte blanche qui y domine. Dans d'autres on voit des liaisons légeres de Tarse ou spath crystallin, et l'on en peut voir des morceaux employés dans les plus beaux édifices de Pise. Dans le bain chaud de S. Julien, tel qu'il étoit alors, j'ai remarqué certains pavés de ce marbre mêlé de rouge. Il seroit possible de s'en procurer une grande quantité. Je ne sçais si c'est de ce marbre que veut parler Joseph Antoine Toricelli, autrefois sculpteur en pierres dures de la gallerie royale, dans un traité manuscrit qu'il a composé sur les pierres, et dont j'ai une copie chez moi. F. Augustin del Riccio, parle aussi de ce marbre, dans son traité manuscrit des Pierres, chap. 90.

OBSERVATIONS SUR LE POISON DES CHAMPIGNONS.

PENDANT le séjour que je fis à Pise, il se passa un événement vraiment tragique. Il y avoit alors dans cette ville, des Lorrains qui attendoient qu'on eût préparé leurs habitations à Massa de Maremma. Quelques-uns d'eux allant, suivant leur coutume, couper du bois dans la forêt de Saint Rossore, cueillirent tout ce qu'ils trouverent de champignons dans les buissons, et étant rentrés chez eux, les firent cuire et les mangerent dans la soirée. Dix-sept de ces malheureux, d'âge et de sexe différents, en mangerent. Le vendredi suivant, au matin, tous commencerent, les uns plutôt, les autres plus tard, à sentir des élancements et des douleurs très-aigues dans l'estomac. Quelques-uns vomirent leur nourriture avec un peu d'écume ; d'autres ne vomirent point du tout. Pendant la nuit du vendredi au samedi, il en mourut neuf ; et j'appris qu'il en étoit mort encore quelqu'autres depuis, dont la fin avoit été accompagnée de différents symptômes. Les uns resterent comme anéantis, les autres eurent des vertiges, quelques-uns moururent en parlant. Mais je ne sçais s'il en est mort aucun dans des convulsions, ou avec des taches sur la peau et un gonflement ou tension de bas ventre. La force du poison résista aux remèdes que l'on employe ordinairement dans ces cas-là, et cependant ils leur furent administrés avec toute l'attention et tout le soin possible, par M. le docteur Dominique Barzanti, leur médecin. Cet accident funeste me fit naître l'envie d'examiner le ravage que cet horrible poison avoit causé dans les entrailles de ces malheureux. M. le docteur Barzanti eut la complaisance de répondre à mes désirs ; mais comme les autres cadavres avoient déja été enterrés, et quoique je n'eusse qu'un seul couteau anatomique, aucun des instruments, et aucune des commodités nécessaires, nous ouvrîmes à Campo-Santo, en plein champ, le cadavre d'une jeune fille de 15 ans, qui, depuis quelque tems, étoit cacochyme, et dont le foye et la rate étoient gonflés et obstrués. Le cadavre, à l'extérieur, n'avoit rien d'extraordinaire : ni taches ni gonflements. A l'ouverture, le sang se trouva être de la couleur du sang bouilli, et il n'en découla qu'une très-petite quantité ; mais je ne sçais si la cacochymie invétérée, ne pourroit pas bien en être la cause. L'estomac et les intestins ne nous parurent pas plus gonflés que de coutume ; la couleur même n'en paroissoit pas changée à l'extérieur. Les poumons étoient livides, comme ils se trouvent ordinairement dans les cadavres. Le cœur nous parut être flasque, mais il n'avoit aucun autre signe de maladie. Nous ouvrîmes le ventricule et les intestins, et nous remarquâmes que la superficie intérieure du fond du ventricule, dans la largeur de six doigts, et celle de presque tout l'intestin duodenum, et d'une partie du diginuo, étoient couvertes de petites taches rouges, semblables à celles de la rougeole et du pourpre. Dans l'intérieur du ventricule, nous ne trouvâmes qu'un peu de bave jaunâtre. Il ne nous fut pas possible de pousser plus loin nos observations, n'ayant point d'instruments pour ouvrir le crane. Mais nous ne pûmes découvrir entre les champignons de toutes sortes, que ces malheu-

reux avoient cueillis, quelles étoient les espèces empoisonnées, et il ne s'en trouva
aucuns restes qui pussent aider à rechercher
leurs propriétés dangereuses. Une catas-
trophe parfaitement semblable à celle des
infortunés Lorrains de Pise, se trouve décrite par l'illustre George Ernest Ftahl, dans
ses *Observationes Medico-practicæ*, Cl. 1,
de febrib. observ. 5, page 4, sous ce titre :
*Lues Castrensis lethifera ex esu fungorum
Deleteriorum.* Il est fort intéressant de lire
au sujet du poison des champignons en général, Mich. Christ Adolphi, *Dissert. de
Incolatus Montani salubritate, inter ejus
Dissertationes pag.* 129; *Zacuti Lusitani
de Medicor. Princ. Hist. L.* 5, *hist.* 37, *p.*
872; *et Amati Lusitani Curationum Medi-
catum Centuria* 1 ; *Curat.* 39, *p.* 241, *et
Fanctorii Commentaria in Artem Medicina-
lem Galeni, Par.* 3, *page* 397.

PLANTES OBSERVÉES A PISE.

DANS le peu d'heures qu'il me fut possible de sortir de la ville, je choisis, parmi
la quantié innombrable des plantes les plus
rares qui croissent autour de Pise, celles qui

suivent : et d'abord sur les murs de la cité de Sainte Marthe ; c'est-à-dire, entre le conduit et le bastion de la porte aux Plages :

Gramen , quod spartium spica et setulis tenuissimis Bocc. Mus. Plant. p. 228. Tab. 97.

Elichrysum sylvestre angustifolium, capitulis conglobatis C. B. Pin. 264 , Inst. R. H. 453, Chrysocome in mœnis Pisanis, foliis Eliochrysi rarioribus , capitulo singulari Cæsap. 485, Mich. H. Flor. pag. 134, n. 9.

Trifolium minus , capite subrotundo parvo albo et echinato : Barr. Icon. 870.

Dans le pré de la cathédrale :

Echium lato Plantaginis folio , Italicum (annuum, flore magno purpureo) Barr. Obs. 16 , n. 143 , Lycopsis Plantaginis folio, Italica Barr. Icon. 1026. Echium annuum, latis Buglossi foliis H. Pis. Echium Alcibiadis maximum , folio Buglossæ majore et asperiore , floribus cæruleis magnis Mentz. Pug. Echium latissimo folio , Dycopsis dictum , flore dilute purpurascente H. Lugd. Bat. Echium purpureo campanulato flore , folio subrotundo H. Cathol. App. 3. Anchusa major Cæsalp. 435. Lycopsis C. B. Pin. 255. Lycopsis Dioscoridis quibusdam

J. B. 3. 584. Cinoglossa vera Matth. 248.
Mich. H. Flor. p. 133, n. 6, glossa vera,
Matth. 248. Mich. H. Fl. pag. 133, n. 6.

Sur la levée hors de la porte aux plages.

Muscari flore albo (staminulis purpureis)
Inst. R. H. 347, Mich. Rar.

Dans les champs de Barberecina, à côté
de la Sagianaia, et dans ceux qui avoisinent
les conduits de la Porte aux Plages :

Narcissus Sylvestris minor, Flore albo,
calice aureo, odore gravi Mich. H. Pis. et
H. Flor. p. 156, n. 9.

Narcissus alter copioso Flore Cæsalp. 413.
Viola alba, vulgo Narcisso a campanella :
Vigna in Theoph. 114.

ESSAI SUR LE SITE, L'AIR ET LES EAUX
DE LA VILLE ET DE LA PLAINE DE PISE.

J'AI rapporté jusqu'à présent toutes les
observations que je suis parvenu à faire sur
les collines et les montagnes de Pise : et je
crois maintenant faire une chose non moins
agréable au lecteur, en y ajoutant quelques
détails particuliers de l'histoire naturelle de
la plaine de Pise, et réunir ainsi ce que je
sçais pouvoir contribuer à la gloire et à

l'utilité d'une des plus belles provinces de la Toscane. Ces réflexions viennent originairement des observations que je fus jadis à portée de recueillir, lorsque je faisois mes études à Pise. Je souhaite qu'elles ne paroissent point trop puériles.

ÉTENDUE ET FIGURE DE LA PLAINE DE PISE.

PAR Plaine ou Valdarno de Pise, j'entends toute cette vallée spacieuse que traverse l'Arno, depuis l'embouchure de l'Era jusqu'à la mer.

La plaine de Pise se termine donc du côté du couchant, par une ligne parallele avec la mer de Toscane; du côté du midi, je la suppose coupée par une ligne droite imaginaire, de deux milles et un quart, qui part de la bouche du *Calambronc* jusqu'au pied de la montagne de *Sovese*; du côté du levant, elle est terminée par le fleuve Cascina, jusqu'à l'endroit où il se décharge dans l'Era.

TERREIN DE LA PLAINE DE PISE.

SON terrein est composé en grande partie de bourbe, mais dans les lieux plus voisins de la mer, c'est du sable sans cailloux. En général, ce terrein est d'une substance molle, et que l'on appelle communément *Quora* ou *Forfore*. Je n'ai pas pu parvenir à sçavoir exactement quels lits on rencontre, lorsqu'on fait des excavations profondes, pour jetter les fondements des édifices. Néanmoins on rencontre bientôt l'eau, quand on va à une certaine profondeur. Le Césalpin, dit avoir vu à Pise, le vif argent couler entre les pierres, dans des excavations de vieux fondements. Je ne sache point que de nos jours, on ait observé ce phénomene, excepté dans la maison de Jean-Baptiste Tomboli, perruquier, en face du bureau des Fossés. On étoit occupé à aggrandir un puits, et en creusant le terrein comme de coutume, on vit jaillir, d'un côté seulement, une grande quantité de vif-argent très-pur. Une autrefois, en aggrandissant encore le même puits, il en jaillit du vif-argent en si grande quantité, qu'outre ce qui s'en perdit, il en resta encore au propriétaire, environ 30 livres. Le même phénomene se manifesta à Montpellier, dans un puits. Voyez *Guill. Arangosii Epistolam ad Paulum Jovium, in Fasciculo Dissertationum Medicarum Selectarum*

lectarum Theod. Zuingeri, pag. 300, dans le tome 32, du Journal des Sçavants d'Italie, publié à Venise, en 1719, artic. 9, p. 3, page 384. On lit plusieurs observations et conjectures physiques, sur l'origine de ce phénomene ; mais, particulierement, une observation de Vallisnieri, au sujet du mercure trouvé en grande abondance, en vuidant un ancien cloaque. Une autre de François Veratti, célébre auteur de l'analyse de l'eau, qui en préparant le sel volatile de l'urine d'un enfant de dix ans, crut voir courir du vif-argent en place de ce sel. Il étoit semblable au vif argent commun, mais infiniment plus pur. Pietro Borello, dit aussi en parlant du vif-argent : *non semel circa urbem Castrensem à Rusticis, terram arando repertum est, ut mihi relatum fuit, visumque per sulcos currere et devolvi.*

Le sol de Pise est peu propre aux fondations, et s'éboule aisément, tant parce qu'il renferme en-dessous des sources d'eau, qui, en s'écoulant, ébranlent le terrein ; que parce qu'à une certaine profondeur, on ne trouve point, comme dans la plaine de Florence, de filons de pierre ; c'est ce qui fait qu'on est obligé de renforcer les fondements

Tome I.

avec des palissades et des amas de pavés,
bien cimentés tous ensemble.

EAUX DES PUITS DE PISE.

Il n'y a peut-être point de province où
l'on puisse creuser des puits à si peu de
frais, que dans le territoire de Pise. Cette
ville est située sur le lieu le plus élevé qui
se trouve dans cette plaine, et en même
temps le plus éloigné des montagnes ; et cependant on est toujours sûr de trouver de
l'eau, en y creusant à la profondeur d'environ quatre coudées. Cette eau ne manque
jamais, et même elle monte à une plus
grande hauteur, dans les saisons pluvieuses.

Les eaux des puits de Pise, sont généralement mauvaises à boire, pesantes et chargées de terre, qui se dépose et s'attache aux
parois des petits canaux, et qui renferme
peut-être d'ailleurs un mélange de pressure,
capable de nuire à la consistance des fluides
du corps humain. Mais cependant ces eaux
sont bonnes à tout, excepté à boire.

Jean-Baptiste Cartegni, parle de ces eaux
des puits de Pise, à la page 54 de son *Traité*
des Vents et du site de la ville de Pise : les

eaux des puits , dit-il , ne sont pas bonnes, parce qu'elles viennent d'un pays maréca- geux, rempli d'eaux stagnantes, et de terre grasse et visqueuse. C'est ce qui fait qu'elles causent souvent des obstructions, qu'elles passent avec difficulté , qu'elles font gonfler la rate , qu'elles occasionnent des hydro- pisies , des maux de jambes, et qu'elles font perdre les couleurs, comme on en a , que trop longtemps , fait la triste expérience , jusqu'à ce que le grand Ferdinand, de glo- rieuse mémoire, le vrai pere de la ville de Pise, eut enfin, à grands frais, exécuté son heureux projet , et dirigé le cours des fon- taines.

Il y en a cependant quelques-unes que l'on peut boire sans danger; telles sont celles des puits de Saint Michel, à Borgo, dans la maison du Chapelain des Nonnes de Saint Martin , et dans quelques autres maisons. Ce qui peut provenir de ce qu'ils sont d'une meilleure structure et plus profonds, peut- être aussi le terrein renferme-t-il quelque amas naturel de gravier , qui sert à épurer leurs eaux.

L'eau de savon faite avec l'eau de ces puits, ne donne aucune mousse. Elle en donne cependant un peu , quand on la fait d'abord bouillir : elle n'est pas propre non plus à faire cuire les légumes. Le Pere D. Claude Fromond , parle sçavamment de la qualité des eaux de ces puits , comparées avec celles des fontaines de Pise. Il ajoute : les eaux crues , telles que sont celles de la plûpart des puits , sont plus douces au toucher que les eaux des fontaines. Elles sont plus propres à délayer la chaux pour la faire consolider ; plus propres à la crystallisation des sels et à étancher la soif. Les fruits aigres arrosés avec ces eaux crues , dumoins dans le même climat et dans les mêmes circonstances, sont moins tendres sous le couteau , et ont moins de goût que ceux qui sont arrosés avec les eaux douces. C'est une remarque qu'un de mes amis , homme très-exact dans ses observations, a eu plusieurs fois occasion de faire , sur les productions des différents jardins de la ville de Pise. Dans quelques-uns, on les arrose avec l'eau douce des fontaines, dont plusieurs maisons ont l'avantage de jouir. Dans les autres, qui n'ont pas cet avantage, les mêmes productions sont arrosées avec l'eau crue des puits.

Les artisans , comme les teinturiers , re-

marquent encore d'autres différences dans
l'usage de ces eaux. Mais celle qui, pour le
bien de l'humanité, doit fixer particuliérement notre attention, est celle qui regarde
la cicatrisation, surtout celle des ulceres.
J'ai entendu parler d'un jeune homme, qui
avoit eu jadis certains ulceres, dont on l'a-
voit parfaitement guéri, mais qui cependant, et quoiqu'il observât la plus grande
continence, eut le malheur de les voir se
r'ouvrir deux fois, parce que, dans le cours
de deux années, il passa l'hiver à Pise, où
on a coutume de boire de l'eau douce de
la fameuse fontaine ; non que les eaux de
puits y manquent, mais seulement qu'elles
y sont moins abondantes. Ces eaux, quoiqu'un peu crues, sont d'une qualité différente de celles de la fontaine. Elles ne
passent pas si bien, et parconséquent, sont
plus favorables aux tempéraments échauffés.
On pourroit encore ajouter une conjecture,
au sujet des divers effets des eaux, et elle
pourroit servir à indiquer le moyen de conserver, autant que possible, la fraicheur de
la peau. Les eaux crues, qui s'évaporent
plus promptement et plus abondamment que
les eaux douces, donnent de la ténacité à

la chaux que l'on y délaye, opérent la crystallisation des sels que l'on y dissout, et
donnent de la fermeté au linge que l'on y
blanchit. Il sembleroit donc qu'elle devroit,
avec le temps, donner à la peau du visage,
une fermeté et une consistance, que ne peuvent donner les autres, en observant de s'en
laver le visage, régulierement tous les jours,
avant que la fraicheur en soit altérée, et en
y mêlant une infusion de quelque substance
farineuse, telle que du lupin, du ris, &c.

Les eaux de fontaines donnent une mousse
abondante, quand on y délaye du savon.
Elles font fermenter le pain à merveille,
rendent le linge parfaitement blanc, et les
mains très-douces; qualités qui indiquent
une grande perfection dans ces eaux, suivant les documents de *Crist. Mich. Adolfo*,
Dissert. de Incolatus Montani salubritate
§. *6*, *p. 120*, *et Dissert. de Aere, solo,*
Aquis et Locis Lipsiensibus §. *11*, *p. 22*,
de Gio. Pingle, Observations sur les Ma-
ladies des Troupes. P. J. chap. 6, p. 35,
et du P. F. Fortunato de felici, Adnot. ad
Jo. Arbuthnot specimen effectuum Aëris in
humano corpore, p. 192. Voyez aussi Jo.
Bruyerini de Re Cibaria. L. 16, chap. 9,
pag. 658.

EAUX DE LA PLAINE DE PISE.

JE n'ai fait, jusqu'ici, qu'examiner en abrégé, la forme et la qualité de la plaine de Pise ; je vais maintenant m'occuper de la nature physique de ses eaux. Les eaux qui s'y trouvent, peuvent se réduire à trois sortes : celles de l'Arno et du Serchio, qui se rassemblent au dehors de la plaine, et ensuite s'y introduisent. Celles qui tombent du ciel, d'une maniere quelconque, sur la surface de la plaine, ou des flancs des montagnes et des collines qui l'environnent. Enfin celles qui coulent le long des filons internes de pierres, qui se trouvent dans les montagnes voisines, et sortent ensuite en filets, dans différents endroits de la même plaine. Ces eaux réunies ensemble, dans le cours d'une année, formeroient une masse exorbitante, et cette plaine ne seroit bientôt plus qu'un lac immense, s'il ne s'y trouvoit une infinité d'issues, soit naturelles, soit artificielles. Pour décrire ces issues avec le moins d'obscurité qu'il me sera possible, je commencerai par celles des eaux qui se rassemblent avant d'entrer dans la plaine, et je passerai ensuite à celles des eaux qui lui sont propres, et qui se rassemblent dans son sein.

RÉFLEXIONS SUR LES EAUX DE L'ARNO.

L'ARNO, fleuve royal, et un des principaux de l'Italie, quoique Lucain ne lui ait pas fait l'honneur de le regarder comme tel, reçoit les eaux de l'Era, et s'introduit dans la plaine de Pise, pour ensuite se décharger dans la mer. S'il suivoit dans sa course une ligne droite, son cours ne seroit pas long de plus de dix-huit milles, du levant au couchant : mais il fait tant de tours et détours, qu'il l'allonge bien d'environ neuf milles. Divers mémoires qui existent encore, prouvent que son cours étoit, jadis, plus long. On peut attribuer ce cours tortueux de l'Arno, à différentes causes. Les deux principales, sont la situation basse et peu inclinée de son lit, qui l'empêche d'acquérir, par lui-même, une descente rapide. Si cela étoit autrement, il courroit avec rapidité, en suivant une route plus courte et plus droite. Ensuite ces eaux, même dans les débordements peu considérables, étant presque de niveau avec celles de la mer , trouvent quelque difficulté à s'y introduire et à s'y mêler. Le peu d'impétuosité avec laquelle l'Arno se jette dans la mer , fait qu'il est souvent arrêté et même repoussé par ses eaux, qui, outre qu'elles l'emportent sur celles de l'Arno , par leur gravité spécifique , sont souvent d'ailleurs agitées et poussées avec force , par les vents furieux. Il faut encore calculer la résistance que peut opposer, à la décharge des eaux de l'Arno , le mouvement diurne de la mer , du midi au septentrion , et celle que peut faire aussi le flux et reflux , continuel et périodique, si peu considérable qu'elle puisse être. Mais il y a un bien plus puissant obstacle , que la mer oppose à la décharge des eaux de l'Arno. Dans les tempêtes , la mer souleve le sable du fond , avec ses plus fortes vagues , le lance à l'embouchure de l'Arno, et forme, pour ainsi dire , une espèce de cataracte , que les eaux du fleuve ne sont point assez fortes pour détruire , si ce n'est quand la mer est calme. Il faut ajouter qu'on a les plus fortes raisons physiques , pour croire que le niveau de la mer est maintenant un peu plus élevé , qu'il ne l'étoit autrefois. Ce

qui doit avoir encore augmenté la difficulté , que l'Arno trouvoit déja à se décharger dans la mer , et parconséquent celle des
fleuves et confluents, dans ce même fleuve
d'Arno. C'est une des causes, mais des moins
considérables , des inondations funestes et
fréquentes de nos plus fertiles campagnes.

Les bords de la mer , qui servent de bar-
riere entre la terre et l'eau , sont de différente nature. Quelques-uns ont, à leur extrémité , un fond incommensurable de mer.
D'autres sont des roches , taillées à pic ,
comme Monte Nero , une grande partie de
la riviere de Genêve , Monte Christo , et la
partie de Gorgona , appellée les précipices.
D'autres , de terre ou bord qu'ils étoient ,
deviennent insensiblement fond de mer ,
avec un peu de pente , et acquierent peu à
peu plus de profondeur. D'autres enfin ,
sont d'une moyenne élévation.

Le rivage de Pise , est de la nature de
ceux qui s'abbaissent insensiblement, et
deviennent fond de mer. L'Arno , à mer
basse et calme , dépose une grande quantité
de sable , qui s'étend sur le bas fond de la
mer , et y forme un lit. La mer agitée ,
nettoye ce fond , reporte aisément ce sable

au rivage , et en forme des amas énormes , à l'embouchure de l'Arno. Ce qui n'arriveroit pas , si le rivage de notre mer étoit taillé à pic , et que le sable de l'Arno , pût se déposer dans un gouffre profond. L'illustre M. de Buffon , hist. nat. tom. I. pag. 590 et 602, démontre évidemment, l'énorme quantité de terre, dont les fleuves se déchargent dans la mer , et quels prodigieux amas de terre , la mer repousse vers les bords et à l'embouchure de ces mêmes fleuves. Entr'autres exemples des plus convainquants , il n'a pas dédaigné celui d'un terrein considérable , qui s'est formé à l'embouchure de l'Arno. Il faut lire d'ailleurs, ce qu'il dit chap. 597 , au sujet de la formation des Dunes.

Hérodote nous représente les grands recouvrements de terre, formés par les fleuves Méandre et Achéloüs , et surtout celui du Nil. Delà , M. Thomas Shaw conclut, avec des observations pleines de justesse , que ses décharges se font dans la mer , jusqu'à la distance de 20 lieues loin de la côte, et ont couvert et obstrué plusieurs de ses embouchures , si vantées dans l'antiquité , et même ont ajouté au continent. Les renterrements qu'a faits le Tibre au port d'Ostie, ont été observés par le P. Ab. D. Hercule Corazzi. Enfin M. l'Avocat Joseph-Antoine Costantini, explique sçavamment le renterrement considérable, produit à la mer de Venise, aux embouchures des fleuves qui s'y déchargent.

Le Colonel Cornelio Meyer, fameux Ingénieur Hollandois, pour l'hydraulique, fut envoyé à Rome, en 1684, par le grand Duc Cosme III, pour examiner et déclarer ce qu'il y avoit à faire, tant pour redresser l'irrégularité de son cours, que pour rendre son lit plus profond, et le dégorgement de ses eaux, dans la mer, plus facile. On lui associa, pour cette visite, le célébre Mathématicien, Vincent Viviani, et le Capitaine Joseph Santini, très-habile Ingénieur du bureau des fossés. Chacun d'eux, fit un rapport à part, de l'état où il avoit trouvé l'Arno, et des réparations et changements que l'on y pouvoit faire. Le Colonel Meyer, dans son rapport qu'il a inséré dans le livre intitulé ; Maniere de rendre à Rome, la navigation du Tibre, plus facile, attribue le réhaussement du lit de l'Arno, au peu de pente qu'ont les eaux, qui, en consé-

(237)

quence , sont forcées de déposer dans le
fond du canal , où elles .sont renfermées ,
le sable et la terre qu'elles portent avec elles.
Il rapporte , qu'en jettant la sonde dans le
fond du lit , pour trouver la hauteur de
l'eau , on rencontroit du sable à la superficie ; et qu'en enfonçant la sonde un peu
davantage , on s'appercevoit qu'elle passoit
dans un terrein plus mou , et qui résistoit
moins que le premier. En enfonçant plus
avant encore , on trouvoit qu'elle passoit
par une autre sorte de terrein , mais peu
différent du second. Cette diversité de terreins , de qualité différente , et placés les
uns sur les autres , n'étoient autre chose
que des amas de terre , qui avoient été déposés , à différentes fois , dans le lit du
fleuve. On a remarqué qu'un semblable ex-
haussement de fond , s'étoit considérablement augmenté , et que les bancs de sable
s'étoient tellement exhaussés , que les eaux
de l'Arno , à leur embouchure , trouvoient
à peine un chemin pour se décharger dans
la mer.

Si donc l'on veut bien considérer la force
des causes ci-dessus , et faire attention à la
divisibilité et au peu de consistance du ter-

rein qui compose la plaine de Pise , on comprendra facilement, que dans des temps très-reculés , où l'industrie des hommes n'avoit point encore trouvé ces remparts utiles , l'Arno a été obligé de se répandre et de séjourner dans une grande partie de cette plaine , minant et dévastant des terreins considérables. Quant aux causes qui forcent les fleuves à former des sinuosités , et souvent à changer la direction de leur cours , il faut consulter l'Histoire Naturelle de M. de Buffon , tome I. p. 340.

De nos jours , le cours de l'Arno a été réglé avec beaucoup d'art , et renfermé avec beaucoup de peine et à grands frais , par des levées qui commencent du côté du midi , à Pontadera , et vont jusqu'à la mer, laissant de chaque côté , un espace vuide et libre , pour recevoir l'effusion des inondations , et les empêchent ainsi (du moins celles qui ne sont point extraordinaires) de ravager les campagnes adjacentes , qui sont très-fertiles.

Entre Montecchio et S. Jean à la Veine , l'Arno faisoit autrefois un long circuit , et occupoit une très-grande partie de la plaine de Bientina , et de Vico Pisano ; mais son cours a été depuis racourci , et ce terrein forme maintenant, une grande partie de la ferme de Vico Pisano , appartenant à S. A. R., et dont j'ai vu une carte typographique. Le grand Duc Cosme I., a mis tout en œuvre pour renfermer l'Arno dans un canal , depuis Florence jusqu'à Pise ; c'est ce qu'attestent ceux qui ont écrit son histoire. Son fils , le grand Duc François , a fait des acquisitions immenses de terrein , dépendant de l'Arno, dans le territoire de Pise , et y a employé le célébre Architecte , Bernard Buontalenti. On aura probablement fait de semblables réformes tout le long de son cours , jusqu'à la mer , comme on peut s'en convaincre , en examinant la surface du terrein ; mais comme on n'en trouve , dans l'histoire , aucune preuve bien évidente , je n'en ferai nulle mention.

Les principales causes qui déterminerent le grand Duc Cosme III , à s'occuper à régler le cours de l'Arno , furent, comme le dit Meyer lui-même , les instances des Pisans , qui lui représenterent quel obstacle l'embouchure obstruée de ce fleuve , apportoit à la navigation. Peut-être , même aussi , que la bourbe s'étendoit jusqu'à Livourne , et se répandoit jusque dans le port ; et que l'impétuosité de la mer , agitée par le vent du midi, poussoit des amas de sable, qui obstruoient l'embouchure de l'Arno ; ce qui ne peut pas arriver à présent, du moins aussi aisément.

L'Arno se jettoit autrefois dans la mer , par une embouchure toute différente de celle qui existe actuellement. A la distance d'un mille , après avoir passé S. Pietro in Grado , il faisoit un angle , tournoit du septentrion au couchant , et se déchargeoit dans la mer par une vaste embouchure, ayant , en face , le vent d'Afrique. Les habitans de Pise avoient élevé deux tours à cette embouchure , comme l'assure Roncioni ; mais je n'en ai trouvé qu'une seule , mentionnée dans les statuts de Pise , que j'ai déjà cités plusieurs fois , et j'ai entendu dire , qu'on en voit encore à présent , des vestiges. Dans la carte de cette plaine , levée du temps du grand Duc Cosme I , et que l'on voit encore dans la salle d'audience de MM. Nove , à Florence , on remarque une forte tour octogone , placée à la gauche de l'Arno , près de Saint Pietro in Grado. Le frere Niccola Magri , rapporte qu'en

qu'en 1292 , les Genois firent une irruption
sur le territoire de Pise , et y commirent de
grands ravages. Ils coulerent à fond plusieurs vaisseaux, à l'embouchure de l'Arno,
ce qui la fit changer. En 1606 , comme l'atteste Cornelio Meyer , on creusa obliquement de cet angle , un grand fossé , dans la
direction contraire à l'ancienne embouchure
de l'Arno. Ce fut par-là , que l'on dirigea
le dégorgement de ce fleuve , du midi au
couchant , de maniere que l'embouchure
moderne se trouve au sud-est.

Il est encore à propos d'observer , que
l'Arno ne porte dans la plaine de Pise ,
qu'une très-petite quantité , ou une très-
petite espèce de gravier ; mais au contraire,
une très-grande quantité de sable et de limon : ce qui démontre son peu de pente.
En outre , on peut y naviguer aisément , à
l'aide des rames , quoique le courant ne
donne pas plus d'impulsion aux barques ,
qu'il ne le fait de Florence à Capraia. Le
fond du lit de l'Arno , dans toute la plaine
de Pise , est, non-seulement, comme je l'ai
déja dit , très-peu incliné , mais encore ,
il se trouve presqu'au niveau de la plaine
même ; et l'eau de l'Arno , dans les inon-

dations ordinaires , est infiniment plus élevée que le terrain. Néanmoins, comme elle
suit une ligne droite , et qu'elle se trouve
renfermée entre deux levées , elle ne peut
point submerger la plaine , excepté dans les
inondations extraordinaires , ou lorsque la
mer se trouve au même temps , gonflée par
quelque tempête. Cette élévation du lit de
l'Arno , est cause que les eaux de la plaine ,
ne peuvent pas se décharger dans ce fleuve,
parce qu'elles se trouvent au-dessous de son
niveau. En effet , du côté du midi , depuis
l'Era jusqu'à la mer , il n'y a ni ruisseau ,
ni fossé qui se jette dans l'Arno ; et du côté
du septentrion , depuis Caprona jusqu'à la
mer , il ne reçoit d'autre eau , que celle de
la Zambre , du fossé de Ripafratta , et de
celui de la Fagianaia. Je dirai bientôt après,
quel dégorgement ont les autres eaux , qui
s'introduisent ou qui prennent leur source
dans cette plaine.

Réflexions sur les eaux du Serchio.

Le fleuve Serchio , est l'autre grand amas
d'eau , qui se fraye un chemin à travers la
plaine de Pise. Il prend naissance dans les

Alpes de Saint Pellegrino , suit un cours rapide et tortueux , toujours dans les montagnes , jusqu'au pont de Moriano; delà, il
coupe la plaine de Lucques , et entre dans
celle de Pise , par un fossé long et profond ,
entre la montagne de Ripafratta, et celle de
Filettole. Quand il arrive à Avane, il forme
une espèce d'angle; au lieu de suivre sa
course en droite ligne , vers Pise , du septentrion au midi , il prend la route de la
mer , du levant au couchant, et après quelques sinuosités , il se décharge au levant.
Le Serchio , de même que l'Arno , a son lit
plus élevé que la plaine de Pise , qui lui est
contigue. Son cours , et même son regorge-
ment , est contenu par deux digues très-
fortes , qui l'accompagnent jusque dans les
états du grand Duc. Il n'est d'aucune utilité
à la plaine de Pise , en ce qu'il ne peut
point recevoir dans son lit , les écoulements
de ses eaux, et qu'au contraire , il l'inonde
souvent lui-même. Le cours du Serchio ,
depuis Avane jusqu'à la mer , est d'environ
sept mille et demi , à cause des sinuosités
qu'il forme; car s'il étoit droit et régulier ,
il ne passeroit pas cinq mille. Il étoit plus
long avant l'année 1669 , temps auquel il

fut infiniment réduit au-dessous du pont de Serchio , et l'on tira parti d'une grande quantité de terrein qu'il occupoit d'abord.

ÉCOULEMENS DE LA PLAINE DE BIENTINA.

OUTRE les deux grands fleuves qui se frayent un chemin à travers la plaine de Pise , il faut observer qu'il y a encore trois fossés qui y passent et se déchargent dans l'Arno , entre Montecchio et Saint Jean à la Veine. La plaine qui s'étend entre ces deux montagnes , jusqu'au lac de Bientina , a très-peu de pente , et ressemble beaucoup à celle de Pise ; de maniere qu'elle est remplie de marais , dont le plus considérable est celui qu'on appelle , marais ou lac de Bientina. Les écoulements de cette partie de la plaine de Pise , qui suivent la direction de l'Arno , se trouvant au niveau de l'eau basse de ce fleuve , ne peuvent s'y décharger que quand il est très-bas. Car quand ses eaux sont hautes , non seulement elles repoussent celles de la plaine , mais elles reflueroient sur elles , si elles n'étoient retenues par les cataractes , placées aux différentes embouchures.

E*AU DE LA PLAINE DE PISE.*

Fossés du côté du Septentrion.

Pour décrire l'état moderne des eaux, appartenantes à la plaine de Pise, je les considérerai toutes ensemble, comme elles se trouvent maintenant, comme eaux dè fossés, eaux de pluies, eaux de marais, ou eaux de mares.

Comme les fossés sont en très - grand nombre, et qu'une description détaillée, deviendroit ennuyeuse pour le lecteur, je ne traiterai que des fossés les plus considérables et les plus connus, omettant de parler d'une infinité d'autres, qui sont de peu de conséquence, et qui servent seulement à diviser les terres, et se jettent ensuite dans les grands fossés.

En reprenant cette partie de la plaine, qui est située entre l'Arno, et les racines des montagnes de Pise, depuis Caprona jusqu'à la mer, on trouve deux fossés principaux, qui reçoivent presque toutes les autres eaux. Immédiatement après avoir passé Caprona, on rencontre le premier , qui est le plus long fossé qui soit de ce côté. Il commence depuis la digue de la Zambra , près de la paroisse de Caprona , et par un cours tortueux , de près de douze mille , du levant au couchant , il se décharge dans la mer , entre l'embouchure de l'Arno et celle du Serchio.

L'autre grand canal , qui se trouve de ce côté , s'appelle le fossé de Ripafratta , ou fossé Macinante. Outre qu'il reçoit aussi quelques eaux , qui , autrement , seroient obligées de séjourner , il est encore d'une très-grande utilité pour la navigation et les moulins de Pise. Il tire son origine des eaux du Serchio , et n'est autre chose qu'un grand aqueduc du Serchio , conduit par le moyen d'une cataracte , de la rive gauche du Serchio , jusqu'au château de Ripafratta , qui , après un cours d'environ sept mille et demi , entre dans Pise , et s'y décharge dans l'Arno , après avoir servi à un moulin , en face du pont della Fortezza.

Le grand Duc Cosme I. , fit faire quelques changements et réparations utiles à ce fossé. Il le fit curer et diriger à grands frais , et avec beaucoup d'art. Il lui fit faire un circuit , et côtoyant le pied des montagnes , jusqu'aux bains de Saint Julien ; de maniere qu'il trouve une pente assez considérable , et peut recevoir les écoule--ments qui proviennent des montagnes qu'il côtoye , et delà il se rend à Pise , par une ligne presque droite. Cette pente est telle que l'on peut juger à l'œil , de la rapidité de l'eau , dont la force est suffisante , pour mettre les moulins en action. Lorsqu'on est obligé de débarasser le canal, de la bourbe qui se trouve déposée au fond , on y parvient très-aisément , en fermant la cataracte de Ripafratta , et en empêchant qu'il ne s'y introduise de nouvelle eau : de sorte que celle qui y est entrée , s'écoule promptement , et passe entierement dans l'Arno , à cause de la pente considérable qu'elle trouve. Alors on remue la vase , pour la remonter dans le milieu du canal, ensuite on r'ouvre les cataractes , et on rend au fossé , son eau ordinaire , qui , par la rapidité de sa descente , enleve et emporte avec elle , toute cette bourbe, jusque dans l'Arno où elle se précipite.

Afin de pouvoir donner à ce fossé , une telle pente , il a fallu former , en différents

endroits , des espèces de levées , et en ex-
hausser le fond au-dessus de la plaine
adjacente , de maniere que les eaux de cette
plaine ne peuvent point s'y introduire , et
qu'il a même été nécessaire de faire passer
par-dessous , par le moyen de ponts , quelques fossés qui le coupent à angle droit ,
comme le fossé du Barco à Mugnone. Il
faut cependant convenir , que ce fossé de
Ripafratta , ne doit pas , en quelque sorte ,
être considéré comme un fossé appartenant
à la plaine de Pise ; parce que la plus
grande partie de ses eaux, vient du Serchio.

Entre le Serchio , le lac de Macciucoli et
Filettole , dans un lieu nommé Pierre au
Marais , on voit environ seize fossés , qui
sont tous paralleles , et communiquant l'un
à l'autre , par le moyen d'autres fossés de
traverse. Ces fossés furent autrefois creusés
sous la direction de M. Wandestradt , fameux ingénieur Hollandois , qui se propo-
soit par-là , de dessécher ce terrein, suivant
la coutume de son pays. Il y fit construire
des moulins à vent , avec des ressorts pour
tenir l'eau en agitation , et la faire écouler
en partie : mais ses tentatives furent inu-
tiles ; parce qu'en été , temps où l'action

des moulins devient le plus nécessaire , le vent ne soufle que très-rarement dans cette plaine.

Voila à peu près , les principaux écoulemens des eaux de cette partie. Il y en a encore beaucoup d'autres inférieurs ,. mais il seroit trop long de les décrire , ou même de les indiquer. D'ailleurs, ils se déchargent presque tous , dans quelques-uns de ceux dont nous venons de parler. Je nommerai simplement , le fossé de la Fagianaia , qui coule dans le fleuve d'Arno , lorsqu'il est bas , et qui sert de fossé à la ville de Pise , du côté du couchant, et reçoit les eaux des autres fossés.

AIR DE LA PARTIE SEPTENTRIONALE DE LA PLAINE DE PISE.

Si cette plaine n'est point seche , comme celle de Florence , du moins ne peut-on pas dire , non plus , que ce soit un marais. Elle est simplement humide naturellement , ou, comme on dit, communément froide; parce que les eaux de pluie ne peuvent s'en écouler que lentement et difficilement. L'air y est assez sain , aux environs de la montagne , de l'Arno , et du Serchio. C'est ce qui fait que la campagne y est peuplée , et remplie de villages et de hameaux. Hors de ces lieux, et tout du long du cours du fossé, qui se termine à Fiume Morto, dans l'endroit le plus bas de la plaine , et depuis la route de Pichasanta , jusqu'à la mer , elle est entierement dépourvue d'habitations , par rapport à l'humidité et au mauvais air qui y régnent. Elle est , dans cette partie , uniquement employée aux semences et aux pâturages , et est terminée , du côté de la mer , par les deux grands bois de Saint Rossore et de Migliarino , où l'air est très-mauvais , à cause des marais qu'ils renferment , et que cet air ne peut point se renouveller.

Fossés et Marais de la partie méridionale.

Avant de décrire l'état des eaux de la partie méridionale de la plaine de Pise , qui est la plus vaste , je représenterai que toutes les eaux , ou naturelles, ou étrangeres , de cette plaine , ne laissent pas échapper la moindre de leurs parties , dans le fleuve de l'Arno. Au contraire , une portion des eaux de ce fleuve , tombe facilement dans cette partie de la plaine. Comme il arrive dans le fossé, des barques qui servent si utilement à faciliter le transport des marchandises, de Livourne à Pise ; ce fossé est toujours plein , et rendu navigable par les eaux de l'Arno , qui s'y introduisent par une cataracte ou écluse , placée auprès de la mer , et que l'on ouvre, lorsque le fleuve est bas et clair. Il poursuit son cours , pendant l'espace de près de cinq milles, du septentrion au midi , soutenu des deux côtés par de fortes digues , et sans recevoir presque d'autre eau , que celles de l'Arno. L'eau de ce fleuve , dans ce fossé , n'a pas beaucoup de rapidité , à cause du peu de pente qu'elle y trouve. Cependant, avec le secours des rames , la navigation y est pratiquable.

Je me contenterai de cette courte description du fossé navigable , qui , à bien l'examiner , ne peut point être regardé comme eau de cette plaine ; et je passerai à celles qui lui appartiennent. Toutes les eaux, propres à cette partie , n'ont d'autre issue que dans la mer , où la plus grande partie se jette par une seule embouchure , qui s'appelle Calambrone. Cette embouchure étoit jadis, plus vaste et plus proche de Livourne. On en voit encore des vestiges, qui servent à faciliter l'écoulement des eaux de cette plaine, et qui ont conservé le nom de vieille embouchure de Calambrone. Dans cette nouvelle embouchure, vient se rendre un grand fossé, qui s'appelle fossé Royal, et qui reçoit presque toutes les eaux de cette partie. Il s'étend vers Ponsacco, en suivant une ligne droite, du couchant au levant, dans la longueur d'environ douze milles. Il fut fait en 1672, d'après le dessin du célèbre mathématicien Famiano Michelini. Son lit a assez de pente, pour que l'eau puisse descendre avec une certaine rapidité, d'autant que dans le commencement, il est exhaussé par les dépôts qu'y laissent les petits torrents qui s'y jettent. Il tire son origine des eaux qui sortent en sources dans cette plaine, à l'endroit où il commence, au-dessous de Lavaiano, et jusqu'à l'embouchure de l'Orcina, il porte le nom de Zannone.

Les marais, dans cette partie de la plaine, sont plus grands, et en plus grand nombre que dans l'autre. Le marais du loup, est un

des plus considérables. Il est situé au commencement du fossé Royal , dans la plaine
qui se trouve entre Crespina et Lavaiano ;
mais le plus grand de tous , est celui de
Stagno , qui occupe plusieurs milles quarrés,
dans les environs de Livourne , entre le
Caligio , la fossa Chiara et le fossé des
Barques. Le P. Niccola Magri , remarque
que le lit de Stagno , en 1504, étoit plus
élevé que celui de l'Arno; mais aujourd'hui
il n'en est pas de même.

Il y a encore beaucoup d'autres marais ,
et notamment dans la Macchia de Tombolo , où l'on en peut compter au moins
huit. Ils sont très-longs , mais peu larges ,
et paroissent plutôt être de grands fossés.
Ils sont formés par les eaux de pluie , qui
se ramassent dans ces bois , et par quelques
sources souterreines qui y percent. Le terrein de ce buisson ou macchia , est formé
de petites montagnes de sable , disposées
comme autant de digues continues , qui
laissent entr'elles de grands sillons où sé-
journent les eaux. Ces monticules ne sont
autre chose , que les fameuses dunes des
Hollandois et des François, qui ressemblent
à nos collines, pour la structure.

Je me dispenserai de faire une énumération des autres marais inférieurs , que l'on
rencontre fréquemment dans cette campagne ; parce qu'ils sont peu remarquables,
ou ne sont autre chose , que des eaux de
pluie, ramassées pendant l'hiver, dans quelqu'enfoncement de prairie , et qui se taris-
sent aux premieres chaleurs , parce qu'elles
ne sont point entretenues constamment par
quelque source , qui perce par-dessous.

QUALITÉ DE L'AIR DE CETTE PARTIE DE LA PLAINE.

CETTE partie de la plaine est très-froide ,
particuliérement ce grand espace, situé entre
la mer, le pied des collines, le grand chemin de Gello , et le vieux fossé , jusqu'à la
route de la colline, et delà, en ligne directe,
jusqu'à l'embouchure de l'Arno. Dans toute
cette vaste étendue de terres , on ne compte
que très-peu d'habitations , parce que l'excessive humidité qui y regne , rend l'air
dangereux en été et en automne, et incommode dans l'hiver et le printemps. Le reste
de la plaine , entre le vieux fossé , la route
des collines et l'Arno, est moins froid, plus
sain, et rempli de bourgs et de villages.

QUALITÉ DU TERREIN DE LA VILLE DE PISE.

APRÈS avoir décrit succinctement, la surface de la plaine de Pise, je crois nécessaire de dire quelque chose de la nature de son terrein, des eaux qu'elle renferme, et de la qualité des météores, auxquels elle est sujette. Cette terre est très-fertile en grains, excepté dans les années où il a tombé beaucoup d'eau, et fait beaucoup de vent; parce qu'alors les épis se couchent par terre, et se pourrissent. J'ai entendu dire, qu'il y a un endroit qu'on appelle *Quarantola*, parce que la semence y rapporte quarante pour un. Il n'exige que peu de soins et de culture, parce qu'il est naturellement gras. C'est ce qui fait que les paysans des fauxbourgs de Pise, ne sont pas si empressés à nétoyer la ville, que ceux de Florence. Néanmoins, depuis quelque temps, ceux des collines, et même quelques-uns de la plaine, ont pris l'habitude de venir chercher dans Pise, les immondices et le fumier, pour les répandre sur les terres. C'est ce qui prouve que la culture de la campage de Pise, se perfectionne, et l'on peut même s'en convaincre à la vue. Il est cependant vrai, que les habitans de la plaine, laissent encore reposer leurs terres, pendant l'espace d'un an, sans y rien semer; et que s'ils étoient en plus grand nombre, ou plus industrieux, ils pourroient encore semer dans le terrein qu'ils laissent en friche. Le foin dans les prairies, devient très-haut; il est fin et tendre.

Ces terres ne sont pas propres aux vignes et aux potagers, parce que l'excessive humidité leur fait pousser trop de feuilles, et en rend les fruits insipides. Il est vrai cependant, que, près des habitations, aux pieds de la montagne, au-dessus de l'Arno et du Serchio, il se trouve beaucoup de vignes, mais le vin qu'on en retire, est foible et aqueux. Les fruits de la plaine de Pise, sont remplis de suc, mais n'ont point de goût. Les légumes et herbages des jardins de Pise, sont tendres, mais insipides, et peu odoriférans. Les acides que l'on cultive dans les jardins de la ville, y réussissent parfaitement bien, et requierent si peu de soins, qu'il n'est pas nécessaire de les renfermer dans l'hyver, ni même de les couvrir. Malgré toute l'abondance et la beauté

de

de ces fruits, il n'y en a point que l'on puisse comparer pour la bonté, à ceux qui viennent dans les jardins de Florence. Les citrons ont un acide foible et insipide ; et les cédrats n'ont point cette odeur délicieuse, qui fait tant rechercher ceux de Florence, uniques pour cette qualité. D'un autre côté, les fruits acides bons à manger, que l'on cultive dans les jardins de Pise, sont infiniment supérieurs, à ceux qui viennent dans les jardins de Florence. Car à Florence, les oranges sont très-aigres, et à Pise, elles égalent presqu'en douceur, celles de Malthe. Les fleurs réussissent aussi dans les jardins de Pise, et s'y conservent long-tems doubles : au lieu qu'à Florence, si l'on n'en prend pas le plus grand soin, elles deviennent aisément simples, et dépérissent bientôt. Cependant à Pise, elles ne donnent point le parfum qu'elles exhalent à Florence.

Les fleurs qui se trouvent le plus communément, dans les jardins de Pise, qui se conservent doubles, et se multiplient sans aucune espèce d'art, sont la violette double, ou *viola martia foliis nitidis, flore pleno,* Mich. H. Flor. pag. 99, n. 1, et la jonquille noble, c'est -à-dire : *narcissus junci-*

folius aureus multiplex , anemones forma inst. R. H. 357, mais elles ne rendent qu'une foible odeur.

Enfin il y a encore une autre sorte de plantes , qui viennent à merveille, dans le territoire de Pise. Ce sont celles qui sont propres aux pays, placés entre les tropiques, à 35 dégrés de l'équateur. C'est ce dont m'a assuré le célébre docteur, Michel Ange Tilli, et ce que confirment évidemment les plantes, que l'on cultive dans le jardin royal , destiné à cet usage , et dans plusieurs autres jardins particuliers. On voit aussi dans l'intérieur du cloître des Carmes , un palmier mâle , d'une hauteur incroyable. Il est de l'espèce de ceux qui portent seulement des fleurs , et jamais de fruits. On peut voir aussi une grande plante d'*opunzia maxima,* qui se trouve à côté d'une maison de paysan, sur la route Calcesana. Cependant les plantes des Alpes , n'y prennent pas bien. C'est une autre remarque du même docteur Tilli, qui m'a assuré avoir fait plusieurs fois , transplanter dans le jardin royal , des plantes de *larix folio deciduo , conifera* inst. R. H. 586, qui d'abord avoient assez bien pris, et étoient devenues fortes pendant l'espace de quatre à cinq ans, mais qui après, étoient dépéries tout-à-coup. Il attribuoit cet accident, non-seulement à la chaleur du climât, mais encore à la longueur des racines des plantes, qui, en s'étendant, rencontroient quelques eaux, causes de leur destruction. En général, les plantes qui naissent naturellement dans cette plaine, comme je l'ai observé dans mes herborisations, poussent beaucoup de feuilles, et étendent au loin, leurs abondantes racines, à cause de la facilité qu'elles trouvent à s'insinuer dans la terre ; et en arrachant les herbes, on tire presque toutes ces racines, et en même temps une grande quantité de terre. Le bois des arbres, dans le territoire de Pise, est foible, et moins dur que dans celui de Florence, comme on l'a trouvé derniérement dans les abbattis des halliers de Cottano, et de la Fagianaia. Les arbres y dépérissent plutôt, après avoir poussé quantité de feuilles et de branches. En général, les plantes y poussent et y fleurissent plus promptement, que dans le territoire de Florence, et leur fruit parvient plutôt à sa maturité. J'y ai rencontré, dans le plus fort de l'hiver, des fleurs, et je n'ai jamais vu

R ij

les prairies , et les rives des fossés, nues, et entierement dépouillées d'herbes.

Dans les quatre années que je passai à Pise pour y étudier, il m'arriva de visiter plusieurs fois, et d'examiner en différents temps, et pour ainsi dire, pouce à pouce, les environs de Pise, à la distance de plus de quatre mille à la ronde. Je parvins dans les différentes promenades que je fis dans cet espace de quatre ans, à recueillir un millier d'espèces différentes de plantes , dont la plûpart sont très - belles , très-rares, et ne se trouvent point dans le territoire de Florence. J'en fis, sous la direction de Pierre-Antoine Micheli, un catalogue, divisé en nouvelles herborisations. Dans la premiere, je plaçai celles qui naissent d'elles-mêmes dans l'enceinte de la ville. Dans la seconde , celles qui croissent hors de la Porte aux Plages , entre l'Arno et les aqueducs. Dans la troisieme, celles que l'on voit entre les aqueducs et la grande route de Lucques. Dans la quatrieme, celles qui sont entre la route de Lucques, et celle de Pietra Santa. Dans la cinquieme, celles que l'on rencontre le long de la grande route Delle Cascine, et des champs qui se trouvent des deux côtés.

Ensuite celles delle Cascine, et du hallier de S. Rossore. Dans la sixieme, celles du bois de la Fagianaia. Dans la septieme, celle qu'on remarque hors de la porte de mer, entre l'Arno et le fosssé des Bargues. Dans la huitieme, celles entre les grandes routes de Florence et de Livourne. Et enfin, dans la neuvieme, celles qui se trouvent entre l'Arno, et la route de Florence.

Je craindrais d'abuser de la patience du lecteur, en lui donnant ici, le catalogue de toutes ces differentes plantes. C'est pourquoi je me contenterai d'observer, que, d'après les recherches que j'ai faites autrefois , je puis avancer et assurer, que les plantes naturelles à cette plaine, sont la plûpart, du genre de celles que les botanistes appellent marines et marécageuses, car on trouve dans ces fossés et ces marais toutes les espèces qu'on peut desîrer, comme potamogetes, renoncules aquatiques , alsines aquatiques , *butomi , ninfée, triboloïdes, poligonifolies, idroceratofilli, linmopinci, fluviales , vallisnerie , salvinie , ciperi , scirpi , scirpociperi , carici , giunchi , giuncoïdi , spargani , tife , canne, gramine aquatique , lenticole, lenticolarie , muschi , conserve , bissi ,* et beaucoup d'autres qui y croissent et s'y multiplient à tel point, qu'ils ont l'apparence d'un pré.

Il y a divers genres d'animaux qui habitent cette plaine, et qui y passent tranquillement, tout le tems de leur vie. Les uns, sont propres au pays, les autres y sont seulement élevés par les habitans, et destinés à différents usages. Mais outre qu'il seroit trop long de donner ici, l'énumération de leur différentes espèces, j'avoue que je n'ai jamais, jusqu'ici, obtenu les renseignements nécessaires à ce sujet.

Dans les forêts des côtes il paroît de tems en tems, des loups, qui probablement, viennent des bords de la mer, et font beaucoup de ravage parmi les bestiaux.

Il y a aussi une espèce de mouches ou petites abeilles, qui ne s'éloignent point de la terre, et qui ont comme une odeur de musc, fort agréable. On en voyoit jadis, sous le vestibule du jardin royal des Plantes, à Pise, qui a été depuis réuni au Museum. J'en ai trouvé encore dans le pré de Sainte Catherine. Elles ont été décrites par Ulysse Aldovrando, *Dendrologiae*, pag. 636, par Paul Boccone, *Observations naturelles*, pag.

3i8 , par Valerio Chimentelli , *ad Calcum Dissertationis* de Honore Bisellii ; et par le célébre docteur Michel Angelo Tilli, *Catal. Planc. Horti Pisani ,* pag. 4.

QUALITÉ DES EAUX DE LA PLAINE DE PISE ET DES INSECTES QUI Y VIVENT.

J'ai déja parlé des eaux des puits : celles des fossés et des marais , ne sont point du tout bonnes à boire pour les hommes , ni même pour les bestiaux , à l'exception de quelques-unes seulement. La raison est , qu'elles sont trop pesantes, c'est-à-dire, chargées de particules de bourbe , de diffé- rents sels terrestres, et de décompositions de plantes et d'animaux. Toutes ces causes réunies, donnent à ces eaux, une odeur et un goût insupportables, dont on peut néan- moins les corriger, en les faisant bouillir. Le fond de ces fossés ou marais , est com- posé d'un limon très-fin , d'une couleur brune, qui tire sur le noir, et d'une odeur infecte , parce qu'elle est composée de la dissolution de ces animaux et végétaux , dont la plus grande partie est naturellement fétide et remplie de sels volatils et oléagi-

R iv

neux, pour la plûpart aigres et alcalins. Outre quelques espèces de poissons, qui habitent ces eaux, il s'y trouve encore, ou continuellement, ou seulement, dans certains temps de l'année, une infinité d'espèces d'insectes et d'animaux, qui n'ont point de sang. Enfin, ces eaux peuvent réellement s'appeler la pépiniere de ces sortes d'animaux.

Il m'est impossible d'en donner ici un détail exact, parce que je n'ai jamais eu l'occasion de faire sur ces animaux, les observations qui me seroient nécessaires à cet effet; et je n'ai visité ces lieux, que dans les temps, où la plus grande partie de ces insectes se tiennent cachés, c'est-à-dire, dans l'hiver : parce que dans le printems, la seule saison où ils se promenent, il est dangereux de faire de semblables recherches. Je me contenterai donc de remarquer, qu'il s'y trouve une quantité prodigieuse, de différentes sortes de nerites, de buccini, de limaçons et de moules d'eau douce, qui ne se trouvent dans aucun autre lieu de la Toscane. Et je me réserve d'en donner l'énumération, dans le catalogue des coquillages fossiles de mon cabinet.

QUALITÉ DE L'AIR DE LA VILLE ET DE LA PLAINE DE PISE.

POUR terminer la description de l'état actuel de ce territoire, je ne ferai qu'ajouter quelques particularités frappantes ; touchant l'air qu'on y respire, et les météores qui y paroissent.

De nos jours, et depuis environ un siécle et demi, l'air de Pise s'est infiniment purifié, par les améliorations et les réformes que l'on a opérées dans la campagne. Le climat actuel de Pise, est très-chaud et très-humide, en conséquence il se trouve très-sain dans l'hiver, pour les personnes qui sont d'un tempérament chaud et délicat, ou pour celles qui à cause de la trop grande tension et élasticité de leurs fibres, sont sujettes aux maladies de nerfs, ou menacées de phthisie. On éprouve cependant à Pise, quelques jours de froid dans l'hyver : j'y ai même vu de la neige, s'y maintenir pendant quelques jours, quoique ce soit un cas bien rare. Mais ce froid dure peu, et il n'est jamais longtemps, aussi vif et aussi piquant qu'à Florence. Néanmoins, suivant

ce que j'ai entendu dire, à des personnes
dignes de foi, il y géle plus facilement.
Mais, après tout, cela ne prouve point un
plus grand froid, comme le démontre la
physique expérimentale. Dans les jours d'hiver, quand les vents violents ne soufflent
point, on y jouit des charmes d'un printems véritable. C'est principalement aux
montagnes de Pise, que l'on est redevable
de cette température, au cœur de l'hiver le
plus rude ; parce qu'elles forment une bar-
riere, qui interrompt le souffle glacial des
vents du nord.

Les vents les plus froids, qui frappent le
territoire de Pise, sont, sans contredit,
ceux du levant, qui viennent du côté de
Florence, et qui ne rencontrent aucune
espèce d'obstacle, excepté de la part de la
Verrucola. Les vents du midi se font aussi
sentir assez vivement dans Pise ; mais les
plus violents, et ceux qui durent le plus
longtems, sont les vents de sud-est, et les
lebeches, qui, d'ailleurs, ne rencontrant
aucun obstacle considérable, peuvent s'appeller les tyrans de cette campagne.

Outre les vapeurs qui forment les nuages,
ces vents en portent encore d'autres, qui

sont diafanes, et répandues, en grand nombre , dans l'air ; c'est ce qui rend le climât de Pise, excessivement humide. Cette humidité , à laquelle se joignent quelques particules de sel marin, détruit les crépis , et toute matiere quelconque, dont on enduit les murailles , même aussi les peintures, quand elles sont exposées au vent de sud-est ; elle fait même rouiller le fer , qui se trouve dans ces murailles. Il y a encore une autre cause d'humidité : ce sont les vapeurs, que la force du soleil, tire de tant de fossés et de marais , même dans les jours les plus calmes , où le vent ne souffle nullement. Les murailles exposées au vent du nord, sont toujours humides, et il y vient ordinairement de la mousse et des lichenes.

Les pluies à Pise , sont plus longues et plus abondantes qu'à Livourne , ou à Florence. On peut consulter sur ce sujet, le docteur Gaston Joseph Giorgi , judicieux observateur. Ce jeune médecin Florentin, qui donnoit les plus belles espérances, nous a été enlevé malheureusement par une mort prématurée. Il faut lire sa lettre physico-méchanique de la *vraie et unique origine des fontaines* , imprimée dans les ouvrages de Vallisnier , p. 169 et 269. Outre cela , les nuages à Pise , sont très-fréquents , très-épais et de longue durée , mais ils n'ont aucune odeur de souffre. L'horizon du côté de la mer , est toujours obscur , excepté quand les vents du nord y souflent. Les maladies épidémiques qui y regnent , proviennent de l'excessive diminution de l'élasticité des fibres et du trop de lenteur des fluides. Les maux de jambes , particuliérement y sont dangereux et difficiles à guérir. Je ne crois pas qu'aujourd'hui les dissenteries épidémiques , soient aussi fréquentes à Pise, qu'elles l'étoient autrefois. Ce qui peut provenir de la différence dans la maniere de vivre , et surtout du changement , produit par la direction des eaux de fontaines. Du reste on peut lire ce que j'ai écrit, touchant les maladies , qui , de nos jours , regnent à Pise et dans son territoire. J'en ai traité fort au long , dans mon Raisonnement sur les *causes et sur les remédes de l'insalubrité de l'air de la Valdinievole*, mais principalement, pages 267, 319, 437, 469, 473, 498, 540, 558, 559, 570 et 742. Après tout, l'air de Pise est excellent dans l'hiver, meilleur que dans aucun autre endroit de la

Toscane ; et aujourd'hui, il n'est plus dangereux dans l'été : avantage que l'on doit aux réformes et aux améliorations, que l'on a faites dans la campagne.

RÉFLEXIONS SUR L'ANCIEN ÉTAT DE LA PLAINE DE PISE.

JUSQU'A présent, j'ai décrit en raccourci, l'état moderne de la plaine de Pise ; il me reste, maintenant, à dire, ce que je trouve et ce que j'imagine qu'elle a été dans les tems passés. Cela me donnera occasion d'éclaircir, en même temps, quelques points d'histoire naturelle et de géographie ancienne.

Je commencerai par l'Arno, qui est la masse d'eau la plus considérable, qui passe par cette plaine. Je ne crois point être coupable de témérité, en avançant que dans les temps reculés, ce fleuve, ou au moins un bras considérable, peut avoir eu un cours, tout à fait différent de celui qu'il a aujourd'hui. Je ne me serois certainement pas hazardé à proposer de moi-même, aux lecteurs, une semblable conjecture, si l'autorité célèbre de M. Muratori, ne m'avoit encouragé.

Je traiterai plus bas, du port de Pise ; mais, maintenant, je veux exposer les motifs qui me font conjecturer, que l'Arno prenoit, autrefois, son cours, par la partie méridionale de la plaine de Pise.

Je considere le fleuve de l'Arno, dans son état naturel ; c'est-à-dire, abstraction faite des modifications que l'art lui a fait subir. En sortant du Valderno inférieur, et s'avançant vers la mer, par sa pente naturelle, il rencontre les montagnes qui lui opposent un obstacle, et ne peut trouver de passage, qu'entre la colline de Montecchio, et les racines de celles qui sont entre Ponsacco et Perignano. Il devoit entrer dans cette gorge, en tirant plus sur la droite, c'est-à-dire, plus vers Montecchio, que vers Ponsacco ; parce que, au-dessus de Pontadera, il aura trouvé l'obstacle de la colline de la Rotta, qui formant une pointe énorme, a déterminé son cours, du sud-est au nord-ouest, c'est-à-dire, vers Montecchio. Parvenu à Montecchio, il a trouvé une autre forte pointe, formée par les flancs de cette colline, qui a fait prendre à son cours, une direction opposée, c'est-à-dire, du nord au midi. Et quand bien même on supposeroit qu'il a évité cette pointe, il en aura trouvé une plus grande, qui lui aura apporté un obstacle encore plus fort. Ce sont les racines de la montagne de la Verrucola, qui depuis Vico Pisano, jusqu'à Asciano, prennent le nom de Piémont. Ces racines, outre qu'elles auront repoussé les eaux de l'Arno, auront sans doute encore, par la solidité et la dureté des masses qui les composent, résisté à leur action. Au lieu, qu'entre Formacette et Lavaiano, il ne se trouve aucune pointe, aucun obstacle, mais au contraire, une plaine immense, très-facile à miner, en conséquence, il paroît vraisemblable que l'Arno a dû d'abord entrer dans la plaine de Pise, se courber et creuser son lit, plutôt du côté de Larciano, que de S. Jean à la veine, par rapport à la pente plus grande & à la résistance moindre du terrein qui s'y trouve. Mais en supposant encore qu'il se soit frayé d'abord un chemin au pied du vieux château, il a dû, lorsqu'il s'est trouvé en liberté, et suivant les loix de l'hydrostatique, prendre son cours vers la mer, par la route la plus courte et la plus inclinée ; bien loin de faire ce grand tour qu'on lui voit faire maintenant du midi au couchant.

HISTOIRE DU FOSSÉ ARNONIQUE.

Nous n'avons d'autre description du fossé Arnonique, que celle que nous en a donné notre historien Ricordano Malespini ; car les autres n'ont fait que le copier. Dès l'année 1176, que les Pisans, pour se défendre de l'armée des Florentins, avoient fait, de nouveau, creuser un grand fossé, un peu au-delà du pont d'Era, à huit milles de Pise, ce fossé se jettoit dans l'Arno et s'appelloit le fossé Arnonique. Un ancien annaliste de Pise, dit que ce fossé étoit long de dix milles ; et un autre annaliste a remarqué que, du fossé Arnonique à Pise, il y avoit une distance de neuf milles. On ne sçait plus, maintenant, où étoit situé ce grand fossé ; on fait cependant des conjectures, mais qui sont très-incertaines.

Pour revenir, après une si longue digression, à l'examen de l'ancien cours de l'Arno, il faut d'abord s'arrêter à une contradiction qui semble détruire cette conjecture. C'est que de nos jours, le niveau de l'Arno, quand il est clair, se trouve plus bas que le

lit

lit de l'Arnaccio, qu'il ne peut point trouver une pente suffisante, pour le conduire jusqu'à la mer ; en conséquence, qu'il ne peut s'y rendre, que lorsqu'il est gonflé. Cela est très-vrai ; mais il n'est pas moins vrai, que la pente juste et nécessaire, qui s'y trouvoit jadis, peut s'être perdue dans la suite du temps, sous les décharges et les amas monstrueux des bourbes de l'Arno, et des différens torrens, qui descendant de collines, composées la plûpart de tuf et de mattaion, se déchargeoient dans ce grand canal, quand l'Arno, n'étant point contenu dans des rives, se répandoit sur un espace immense, et rallentissoit son cours. Cette effusion d'eau et ce rallentissement de mouvement, ont pu être occasionnés en partie par des amas de sable jettés par la mer, sur la plage, dans les tempêtes excitées par les vents du midi, du couchant et du nord-ouest, qui surmontant bien souvent la résistance que leur opposent les bancs de sable de la Meloria, les soulevent et lancent le sable jusque sur la plage de Calambrone. L'hydrostatique nous démontre quelle résistance et quel désordre, les tempêtes et les amas de sable, peuvent causer

sur les fleuves , qui ont une certaine rapidité , en suivant une pente médiocrement
inclinée. D'ailleurs, si l'on veut supposer que
l'Arno dirigeoit autrefois sa course vers
Arnaccio, comme ce fleuve devoit avoir un
lit très-peu incliné et sans bornes , puisqu'il n'étoit resserré par aucunes digues, et
que d'ailleurs , il étoit souvent retenu et
gonflé par la résistance qu'il rencontroit à
sa large embouchure , il a dû nécessairement s'étendre fort loin, et déposer la plus
grande partie du limon , qui rendoit ses
eaux troubles, en conséquence combler son
propre lit , et en faire, à la longue, un obstacle à son propre cours. Ces mêmes causes
ont fait des marais , de fleuves plus considérables.

UNION DU SERCHIO AVEC L'ARNO.

ANCIEN COURS DU SERCHIO.

QUOIQU'IL en soit de cette conjecture de
l'ancien cours de l'Arno, nous sommes certains que , du temps de Strabon, qui vivoit
sous le régne d'Auguste, et écrivoit en l'an-

née 771 , de la fondation de Rome , le fleuve d'Arno passoit par Pise ; et même Pise étoit bâtie dans l'angle formé par le confluent de l'Arno et de l'Ausere. Strabon est un témoin oculaire, et Pline est parfaitement d'accord avec lui.

Je ne sais pas comment on doit entendre ce que dit Strabon, au sujet de l'Arno, qui descendoit gonflé des eaux de l'Arezzo , néanmoins sans faire un seul et même fleuve, mais divisé en trois canaux ou branches , à moins qu'il n'ait voulu dire que dans la vaste plaine de Pise , ou du Val-darno supérieur , il se divisoit en plusieurs branches , et servoit comme de centre aux différentes isles ; ou suivant l'opinion du savant Pierre Vettori , que de la même grotte souterraine, qui se trouve dans la montagne de la Falterona , une partie de l'eau sortoit par une seule ouverture , et formoit le fleuve d'Arno , et ensuite une autre partie d'eau sortoit par trois différentes ouvertures , et formoit le Tibre , l'Arno et le Métaure.

Strabon fait cependant une distinction au sujet du Tibre , en le supposant descendre de l'Appennin et non de l'Arrezzo. Mais il raconte quelque chose de plus étrange , en parlant de l'élévation et du gonflement des eaux de l'Arno et de l'Ausere, à l'endroit où ils se rencontroient , et ne formoient qu'un seul et même courant. Il prétend que des personnes qui se tenoient sur une des rives de ces fleuves , ne pouvoient voir celles qui étoient placées sur l'autre , singularité qu'il attribuoit à l'espece de voute formée par le gonflement des eaux de ces fleuves réunis dans un seul lit. Avant Strabon , ce phénomene avoit déja été observé par Aristote , ou l'auteur quelconque du livre qui a peur titre : *de Mirabilibus Auditionibus*. On peut lire à ce sujet , les remarques du savant Chevalier Laurent Guazzesi , pag. 58 de ses Observations Historiques sur quelques actions d'Annibal.

Mais l'illustre M. de Buffon nous donne l'explication la plus satisfaisante , de ce phénomène rapporté par Strabon et Aristote , en nous démontrant que la surface d'un fleuve dont le cours est rapide , n'a jamais un niveau horizontal , à l'examiner d'une rive à l'autre , et que le courant intermédiaire , est infiniment plus élevé que les courants latéraux et contigus aux deux rivages ; sur-tout à quelque distance de leur embouchure dans la mer.

Les Pisans, dit Strabon, racontent que lorsque ces fleuves descendirent des montagnes, les habitans s'empresserent à s'opposer à leur union, de peur qu'étant ainsi resserrés dans un seul lit, ils n'inondassent le pays; mais que sur la promesse qu'ils donnerent de ne point le faire, on leur permit de s'unir ensemble, et qu'ils tinrent parole.

Ces traditions populaires ne sont pas toujours de pures fables ; souvent même elles renferment une vérité cachée et déguisée. Qui sait donc si cette fable des anciens Pisans ne couvre point aussi une vérité? Et si cela ne signifie point, que jadis le fleuve de l'Arno avoit un autre cours, que des inondations, ou une autre cause lui ont fait changer, et qu'il le dirigea ensuite vers l'Ausere ou l'Esare; qu'alors les habitans, dans la crainte où ils étoient des ravages qu'il pouvoit causer, firent tous leurs efforts, et construisirent des digues et des chaussées, pour empêcher la communication et la réunion de ces deux grandes masses d'eau ; mais qu'ensuite ayant dépouillé cette crainte, ils avoient laissé entrer l'Arno dans le lit de l'Ausere, sans qu'il en fût néanmoins résulté aucun

S iij

dégât, comme ils l'avoient tant redouté.

Dans un Diplôme de Frédéric premier, daté de la fin de 1178, il est constaté que l'Ausere passoit auprès de la ville de Pise. Pendant l'espace de cinq siécles et davantage, le sol de cette ville doit avoir éprouvé de grands changements ; car maintenant il n'y a que l'Arno qui y passe , et il n'y a pas même la moindre trace de l'existence de l'Ausere. On ignore absolument dans quel temps , et pourquoi le cours de l'Ausere a été changé ; si ce fut l'effet du hazard, ou l'ouvrage de l'art. L'Histoire ne donne sur ce sujet aucun éclaircissement satisfaisant.

Il n'est peut-être point inutile d'examiner quelle étoit cette masse d'eau qui portoit jadis, le nom d'Ausere, et se déchargeoit dans l'Arno auprès de Pise ; et ensuite ce que sont devenues ces eaux, depuis qu'elles ne passent plus par Pise. Ces eaux n'étoient pas peu considérables , suivant ce que rapporte Strabon , en parlant de leur gonflement. Rutilius les appelle jumelles, ce qui , suivant moi, signifie qu'elles n'étoient point inférieures à celles de l'Arno. D'ailleurs, il est certain que si l'Ausere eût été un petit

fleuve , ou torrent , tel que le Mugnone ;
on n'auroit jamais dit que Pise étoit située
entre l'Arno et l'Ausere ; comme on n'a
jamais dit que Florence fût située entre
l'Arno , et le petit fleuve Mugnone , quoiqu'en effet , sa première enceinte le soit.

Plusieurs écrivains ont entrepris d'éclaircir l'histoire de l'ancien fleuve de l'Ausere.
On en distingue entr'autres trois , dont le
premier est le savant Pier Vettori , qui s'exprime ainsi : deux fleuves , l'Arno , et
l'Ausere environnoient presque entièrement la ville de Pise. L'un la coupe encore
aujourd'hui par la moitié ; l'autre s'est retiré de ses murs , et s'en est éloigné en ne
laissant que son nom. Alors une quantité
d'eau peu considérable , provenant de certains ruisseaux et fontaines , s'est emparée
de son lit , et y coule maintenant sous le
nom d'Auser (Oseri ou Osoli) nom que
portoit auparavant le fleuve , qui , de ce
côté , environnoit la ville. Mais bientôt il
change son nom , en traversant la campagne
de Lucques , et prend celui de Serchius ;
tandis qu'autrefois , il perdoit son nom dans
cet endroit , et se confondoit avec l'Arno.
On prétend que ce changement est un

ouvrage de l'art, et que le cours de l'Ausere, a été dirigé d'un autre côté, pour
l'empêcher de ravager la campagne de
Pise, ou pour procurer certains avantages
à d'autres campagnes, vers lesquelles on
l'a conduit, en le détournant de son lit.

L'opinion d'un homme si savant paroîtroit
décisive, si elle n'étoit point contredite
par celle de l'archiprêtre Roncioni, qui a
examiné à fond ce sujet dans son histoire
de Pise. Comme cet ouvrage n'a point encore été imprimé, je transcrirai ici quelque chose de ce passage, en y mêlant
quelques observations. Voici comme il
s'exprime.

« Je ne crois pas qu'on doive adopter
l'opinion de Strabon, sur ces deux fleuves,
qui environnent la ville de Pise. Mais pour
que le lecteur juge lui-même, je rapporterai ce qu'il en dit. Il prétend que ceux
qui ont bâti la ville de Pise, se sont placés
entre les deux fleuves l'Arno et le Serchio,
tous deux fameux dans la Toscane. Il décrit ensuite le cours de ces fleuves, et fait
voir que l'un descend d'Arezzo, et l'autre
des Appennins, et qu'ils se réunissent ensuite vers Pise. Il ajoute qu'ils se gonfloient

tellement , en se précipitant dans la mer
que ceux qui se trouvoient sur une des rives , ne pouvoient voir ceux qui étoient
placés sur la rive opposée. Il dit encore ,
que le Serchio n'étoit point navigable , ce
qui est absolument faux. Je ne sais pas
même , où il peut avoir puisé cette erreur.
Car c'est une chose reconnue , que le Serchio ne s'est jamais réuni à l'Arno à l'endroit qu'il désigne. Il est vrai pourtant que
ce fleuve descendant des monts Appennins
et arrivant vers la ville de Lucques au-
dessous du lieu appellé aujourd'hui pont à
Moriano , se précipitoit en tournant vers
Lammari , Lunata et Porcari , villes de la
province de Lucques ; et un peu au-dessous
de Porcari , entroit dans le lac de Sectus ,
qui porte , maintenant , le nom de Bientina. Alors passant sous Vico Pisano , il
se réunissoit avec le fleuve de l'Arno. Mais
dans le temps où vivoit Saint Fredians ,
évêque de Lucques , ce fleuve prit un autre
cours , et cessa de couler dans son premier
lit. Il faut donc nécessairement que Strabon
se trompe aussi bien que Dom Vincent
Borghini , lorsqu'il s'efforce de prouver

dans ces *discours sur l'origine de Florence*, que l'Ozari et le Serchio, ne sont qu'un seul et même fleuve. Ce qu'il dit encore de Strabon, lui-même, et de Rutilio Numanzio, n'est pas moins dénué de vérité. Car ces deux Auteurs ne disent pas que Pise soit située au lieu où le fleuve Osari se réunit avec l'Arno ; mais Strabon, d'abord, dit, que ceux qui ont bâti la ville de Pise, se sont placés entre les fleuves, à l'endroit où l'un des deux se décharge dans l'autre. Il veut sûrement parler de Serchio. Et sur ce point, il se trompe, et avec lui Rutilio, en ce qu'ils ignorent que c'est, au contraire, un autre petit fleuve, et non pas même encore ce fleuve entier, si petit qu'il soit ; mais seulement une partie de ce fleuve, qui se jettoit dans l'Arno, en face du vieil arsenal de Pise, comme il est clairement expliqué dans quelques livres antiques qui se trouvent dans les archives de cette ville. Ensuite Rutilio Numanzio, que le Borghini cite dans sa défense, dit, et en cela il ne se trompe point, qu'il considéroit l'ancienne ville de Pise qui étoit environnée par les eaux de l'Arno et de l'Ozari. Mais ici, par ce mot latin Auser , il ne veut point parler du Serchio , comme l'a cru le Borghini , mais plutôt l'Ozari , qui , en latin , s'appelle le Serchio Aesar.

Nous avons décrit le cours du premier fleuve , et même aussi de l'autre petit fleuve qui, toutesfois , n'étoit pas si peu considérable , que quelques Auteurs ont voulu le faire entendre. D'abord il a donné le nom à tout un pays qui s'appelle encore aujourd'hui vallée d'Ozari , et qui contient un grand nombre de villages. Ensuite , avant que le grand duc eût fait fermer l'embouchure par laquelle il se rendoit à la mer , il y passoit des barques , qui transportoient toutes les choses nécessaires à la vie. Tous les livres qui se trouvent dans les archives publiques, et beaucoup d'autres encore constatent qu'autrefois , ce fleuve a été navigable ; il y a même encore à présent des personnes existantes, qui en ont été témoins.

Dom Vincent Borghini , me paroît dans tout ceci, avoir fait une double erreur. Car il ne se contente pas de démontrer faussement, que le Serchio et l'Osari , ne sont qu'un seul et même fleuve , il essaie encore de prouver , que le Serchio se décharge

dans le fossé, appellé Ozari, et non dans la
mer. Je n'entreprendrai point de faire voir,
combien ce paradoxe est éloigné de la vérité, je le laisse à juger, à ceux qui ont vu
le lit de ce petit fleuve. J'espère qu'ils re-
connoîtront, avec moi, qu'il n'a jamais été
capable de contenir les eaux du Serchio.
Ces deux noms ont servi à tromper cet écri-
vain, d'ailleurs très-sçavant, et encore beaucoup d'autres avec lui.

Mais j'abandonne cette question, pour en
reprendre une plus importante, que nous
avons quittée, et pour l'éclaircir, je suis
forcé de revenir encore à Strabon. Il prétend que les barques ne pouvoient pas re-
fouler le courant de l'Arno : ce qui me paroît tout à fait incroyable. Car s'il est vrai
que Pise fut jadis un port de l'empire Romain, il faut nécessairement que les Tri-
buns s'y soient embarqués, pour transporter
à Rome, les impôts qu'ils avoient levés, et
qu'ils les y aient chargés sur des navires,
à trois ou cinq rangs de rames, destinés à
cet usage. Si cette preuve ne paroît point
encore concluante, le témoignage de Tite-
Live de Padoue, est tel, que j'ose espérer
qu'il ne laissera plus de doute. Il rapporte

dans le premier livre de la troisiéme Décade, que le Consul Publius Cornelius se rendit à Pise par eau. Et dans la cinquieme Décade, que Marcus Aurelius Livinus fit conduire l'armée à Pise. Cicéron, lui-même, dans une lettre à Quintus, son frere, parle d'un ami qui lui a promis de se rendre à Rome, à une certaine époque, et pour cet effet, d'aller s'embarquer ou à Pise ou à Labrone. Or par Labrone, il est clair qu'il veut parler de Livourne. Voilà, à peu près, tout ce qu'on peut dire sur la navigation de ce fleuve. Et comme cette matiere me paroît suffisamment éclaircie, je passerai à une autre.

Il est évident, maintenant, que Pise étoit située entre ces deux fleuves qui la défendoient et la fortifioient de tous côtés. L'Osari, tout petit qu'il est, tire néanmoins son origine des Montagnes voisines, comme on l'a dit ci-dessus. Il rassemble ses eaux, qui sortent de ces montagnes en grande abondance, et alors il prend son cours par la plaine, en côtoyant les murs de Pise. Parvenu à la porte du Lion, il se divisoit autrefois en deux branches, dont la plus petite entroit dans Pise, par la vieille forteresse, où sont aujourd'hui les jardins du grand Duc de Toscane , et se précipitoit dans l'Arno, en courant le long de l'arsenal de Pise. L'autre branche , en tournant sur la droite , formoit près de la mer , un petit lac qui a conservé son ancien nom, et s'appelle encore aujourd'hui, le port des coquilles. C'étoit à quelque distance delà, que le petit fleuve se jettoit dans la mer.

L'opinion du Dempstero , est parfaitement conforme à celle du Roncioni. Et entierement contraire à celle du Vettori.

Le troisieme auteur qui ait examiné ce point de géographie ancienne, d'une maniere profonde et sçavante , est le P. Dom Guido Grandi. Mais ces différentes opinions, qui ne sont fondées que sur des conjectures, ne décident rien , et ne servent qu'à embrouiller encore la matiere. Si donc, l'on veut s'assurer si l'Esare, qui passoit dans Pise , étoit véritablement le Serchio ou l'Osoli ; puisque nous n'avons , là-dessus, aucuns mémoires certains et authentiques , je crois qu'il faut uniquement se contenter d'examiner les lieux , et considérer le Serchio dans son état naturel. Ce fleuve prend sa source dans les Alpes de Saint Pellegrino, et rassemble les eaux d'une infinité de montagnes. Il reçoit même des fleuves assez considérables; et après s'être accru de cette maniere, il arrive dans la plaine, où est située la ville de Lucques. Comme cette plaine est vaste et basse, il semble que, dans d'autres temps, ce fleuve peut avoir eu un cours différent, d'autant que présentement, une partie de ses eaux a été détournée, pour servir aux fossés de la ville : ce qui prouve que cette plaine peut fournir, dans ses différentes parties, des pentes suffisantes pour le cours du Serchio.

C'est ce dont nous assure aussi S. Grégoire : mais ce qu'il rapporte, ne peut point nous faire connoître, quel étoit jadis le cours du Serchio, ni celui qu'il prit depuis, du temps de S. Frediano, c'est-à-dire, dans le sixiéme siécle. Ce qu'il y a de certain, c'est qu'on ne peut pas en conclure, comme ont fait le Pere Grandi et le Pere Orlendi, que l'embouchure du Serchio ait été changée, et qu'au lieu de se jetter dans l'Arno, il se soit déchargé dans la mer. Car le texte de Saint Grégoire, donne seulement à entendre, que le changement du cours du Serchio, se fit dans la plaine et dans les environs de la ville de Lucques, aux pieds des murs de laquelle il passoit d'abord. Je laisse à ceux qui sont instruits dans l'hydrométrie, à juger si le changement du cours du Serchio, transporté de l'embouchure de Ripafratta, à celle qu'il a maintenant, étoit dans le cas de procurer quelqu'avantage à la campagne de Lucques. Quant à moi, je pense qu'il n'en procuroit aucun à cette campagne, mais infiniment à celle de Pise. On peut encore moins conclure du passage de S. Grégoire, que le Serchio se soit déchargé autrefois, dans le lac de Bientina, et depuis, dans l'Arno.

Mais revenons à l'examen du cours naturel du Serchio : ce fleuve, déja très-abondant, s'accroît encore considérablement, en se frayant un chemin à travers la plaine de Lucques, où il reçoit les eaux de l'Ozari, de la Freddana, de Contesora, et de plusieurs autres torrents. Sa gravité est telle, que je suis convaincu qu'il n'a pas pu se porter autre part, que vers l'embouchure de Macciuccoli, à cause de l'abbaissement sensible de la plaine, que j'ai cru moi-même reconnoître. Il se sera d'abord rassemblé dans cet endroit, jusqu'à ce qu'il se soit

débordé

débordé et frayé un chemin, à travers les flancs des montagnes, qui formoient cet enfoncement ou vallée. Ce fleuve s'étant ainsi formé un passage, il ne lui a pas été difficile avec le temps, et en minant continuellement, de creuser ce grand fossé, qui est situé entre la montagne de Filettole et celle de Ripafratta, qui, vraisemblablement, tire delà son nom. Il aura laissé à sec, la plaine de Lucques, qui, auparavant n'étoit qu'un marais ; comme il me semble qu'a fait le fleuve de l'Arno, d'abord à Rignano, ensuite à l'Incisa, et encore à la Golfolina. Supposons donc le Serchio parvenu à Avane, et en liberté, c'est-à-dire, maître de se répandre et de courir où il a trouvé moins d'obstacles et moins de difficulté. Alors, quand bien même on supposeroit une pente parfaitement égale, dans le terrein qui s'est trouvé devant lui, je ne doute pas qu'il ne se soit porté davantage sur la droite, c'est-à-dire, vers le chemin de la vallée d'Osoli, qui tourne presqu'en ligne directe, dans le passage qui se trouve entre Ripafratta et Pise. Ensuite ayant rencontré l'Arno, il n'aura pas pu s'y décharger directement ; mais en raison de la résistance des

eaux de ce fleuve , infiniment plus considérables que les siennes , il aura été forcé
de former un angle plus aigu.

Si l'on admet ensuite dans cette vallée
une pente un peu plus grande, telle qu'on
croit l'appercevoir , on détermine par-là,
l'inclination de ce fleuve , à diriger son
cours , plutôt de ce côté que d'un autre.
Aussi-tôt qu'il est sorti de Ripafratta , il
prend une direction du septentrion au midi ;
et parvenu à Avane , il forme un coude', et
prend une autre direction du levant au couchant. Pour dompter ces eaux , et les forcer
à former cet angle ; pour les empêcher de
se répandre en ligne droite , dans la vallée
d'Osoli , il a fallu construire des digues
énormes , qui coutent immensément au bureau des fossés, pour les entretenir en état
de résister à cette puissance destructive.
Tout esprit philosophe peut conclure delà ,
que la propension naturelle de ces eaux ,
seroit en effet de suivre cette direction , et
non celle qu'elles sont maintenant forcées
de prendre, et que cette inflexion n'est point
du tout naturelle au fleuve. Une autre preuve
encore, c'est que quand le Serchio vient à
se gonfler, il renverse facilement des digues ,

toutes fortes qu'elles sont , et inonde la vallée d'Osoli.

Je ne sçaurois dire quels ont été les motifs qui ont déterminé les Pisans , à creuser un nouveau lit à ce fleuve. Je présume cependant, que les dégats qu'il causoit dans les campagnes , par de fréquentes inondations , ont été une de leurs principales raisons pour le faire. Je n'oserois point contredire une personne qui avanceroit que le Serchio peut bien , dans quelqu'une de ses inondations , avoir fait une irruption , et s'être ouvert un chemin , à peu près tel qu'il est à présent; et qu'alors ou peut-être bien depuis, les Pisans auront élargi et perfectionné ce canal , pour y détourner et y conduire toutes les eaux, qui, auparavant, se jettoient dans l'Arno.

AMÉLIORATIONS FAITES PAR LA RÉPUBLI-QUE DE FLORENCE , DANS LA CAMPAGNE DE PISE.

Qu'il me soit permis, ici, de disculper les Florentins, d'un reproche qu'on leur fait, quelquefois injustement. On prétend qu'ils ne se furent pas plutôt emparés de

Pise, que cédant à la haine qu'ils nourris-
soient depuis si longtemps, ils chercherent
tous les moyens capables de l'affoiblir et de
la ruiner. Un de ces moyens, fut de laisser
obstruer les canaux des eaux, qu'on avoit
dirigés et pratiqués anciennement; et cela,
dit-on afin d'infecter l'air de Pise, de maniere que cette ville ne fût plus habitable.

Pour réfuter ce reproche injurieux, il
suffira de faire connoître, que ce ne fut
que par un vrai et sincere desir de conserver la ville de Pise, que la République de
Florence a créé le bureau des fossés, et
qu'elle a enjoint aux Consuls de Mer, qui
résidoient à Pise, de former un code de
loix, pour le réglement de cette charge. Ces
loix, dont j'ai vu l'original sur parchemin
in-folio, et dont je posséde une copie cor-
recte, sont très-belles et très-sages.

Il n'y a donc point de doute que les Florentins, n'aient sincèrement eu en vue la
salubrité et le bonheur de la ville de Pise,
en créant cette charge importante. Mais si,
par la suite des temps, ces réglements salutaires furent négligés, et tombèrent en
désuétude, ce ne fut nullement par la haine
que les Florentins ressentoient contre les

Pisans , mais plutôt , par l'impuissance où ils se trouvoient de les mettre à exécution à cause des divisions intestines , qui déchiroient leur République , des calamités qui les affligèrent pendant tant d'années , et de la guerre cruelle qu'ils firent aux Pisans en ravageant leur pays, pendant l'espace de quatorze ans , pour les punir de leur infidélité et des efforts qu'ils avoient faits , pour se soustraire à leur domination.

Laurent de Medicis le magnifique , a contribué de ses propres deniers à améliorer la campagne, en s'y formant une terre utile et agréable , dans des lieux dont il fit dessécher les marais et tarir les eaux. Le duc Alexandre de Médicis, dans le commencement de son régne trop court , pour le bonheur de Pise , a aussi daigné jetter sur cette ville des regards paternels.

AMÉLIORATION FAITES DANS LA CAMPAGNE DE PISE , PAR LES GRANDS DUCS.

DANS le commencement du régne du grand duc Cosme , la campagne de Pise étoit réduite à un état si déplorable , qu'il étoit impossible d'y habiter sans exposer sa vie , et l'on n'en retiroit que très-peu de fruit. Un de ses premiers soins fut donc de réparer une perte si considérable : et en effet , il institua de nouvelles loix , infiniment utiles pour le bureau des fossés. Les premières furent imprimées et publiées en 1551 , et les autres dix ans après. J'en conserve moi-même un exemplaire.

Il seroit trop long de rapporter en détail , les améliorations opérées par ce grand homme dans la plaine , dans la ville , et dans la province de Pise. Ceux qui desirent en avoir un récit plus détaillé , peuvent consulter les Auteurs qui ont écrit la vie de ce prince, tels que *Baccio Baldini*, *Aldo Mannucci*, *et Giovanni Batista Adriani*, dans l'oraison funebre qu'il prononça aux funérailles de ce prince.

La ville et la campagne de Pise ne sont pas moins redevables au grand duc Ferdinand I, qui exécuta soigneusement et complettement les magnifiques projets de son pere. Il a lui-même formé et mis à exécution , des desseins de la plus grande importance , pour l'avantage et la perfection

d'une des plus belles parties de ses états.
Et pour rendre justice à sa mémoire, il
auroit dignement mérité le glorieux titre
de restaurateur de Pise , n'eût-il fait que
d'y introduire cette abondance d'eaux pré-
cieuses , par le moyen d'un aqueduc , qui
ne le céde en rien à ces aqueducs si vantés
de la fameuse Rome.

Il est néanmoins vrai de dire , que cette
entreprise magnifique fut réellement pro-
jettée par Cosme I , comme nous assure *le
Cini*, pag. 522 , de la vie de ce prince ; et
plus particulièrement encore Baccio Baldini , pag. 36 , où il dit que Cosme, bien
convaincu du danger qu'il y a à boire de
mauvaises eaux, telles qu'on les buvoit alors
à Pise , fit construire plusieurs canaux magnifiques pour conduire , des montagnes
voisines dans cette ville , une quantité prodigieuse d'eau de fontaine , très-claire et
très-bonne.

Je ne sais point précisément quels sont
les canaux qui ont été construits par Cosme I , parce que le canal , qui se trouve
au-dessus des arcardes , paroît indubitablement avoir été construit par Ferdinand.
Mais au bas de ce canal , il s'en trouve

encore un autre , qui est souterrein, et qui pourroit bien être celui que Cosme avoit fait commencer. Quoiqu'il en soit, l'eau excellente introduite dans Pise , par Ferdinand , est la principale cause de la salubrité de cette ville , et assure entièrement à ce prince la gloire de cette entreprise.

Le grand duc Cosme II , ne prit pas moins à cœur , l'amélioration et la perfection de la campagne de Pise. Et en cela son digne fils Ferdinand II , fut son glorieux imitateur. Outre une infinité de réglements et d'établissements très-utiles dont la ville de Pise lui est redevable ; elle lui doit particulièrement sa reconnoissance pour la construction du canal royal. L'état de salubrité et de perfection , dont a joui cette campagne , sous le régne de Cosme III , a été décrit par *Cornelius Meyer*.

RÉFLEXIONS SUR LES EAUX QUE L'ON BUVOIT JADIS DANS LA VILLE DE PISE.

JE ne puis dire quelles eaux on buvoit à Pise, au temps de la République. Car l'on ne voit nulle part , que les Pisans aient jamais conduit des eaux de fontaine dans leurs villes , ni même qu'ils aient eu des citernes. On est donc réduit à croire qu'ils faisoient usage d'eaux de puits. Et en effet, il y en avoit d'entretenus aux dépens de la République, comme il paroît par les statuts de 1284 , liv. 4 , rubr. 16, et dans les statuts de l'année 1160 , qui se trouvent manuscrits , dans la bibliothéque de M. l'auditeur , Pierre-François *Mormorai.*

Toutefois les eaux de ces puits ne peuvent jamais avoir été meilleures qu'elles ne le sont à présent. Au contraire le *Cartigni* nous assure qu'avant que le grand duc Ferdinand I , eût fait conduire à Pise les eaux de fontaine , qui devinrent la première cause de la salubrité de l'air qu'on y respire , on y buvoit de l'eau de puits , qui occasionnoit des obstructions d'entrailles , des hydropisies , des cachexies aux habitans , et leur donnoit à tous un teint pâle et livide.

Quand on considère que les Pisans, pour élever des édifices superbes et dispendieux , ont négligé de conduire dans leur ville, des eaux salubres , on ne peut leur pardonner une si incroyable indifférence , puisqu'une telle dépense auroit été infiniment plus utile et plus salutaire , que tant d'autres qui n'ont pour objet , que la vanité et l'ostentation. Ils avoient cependant sous les yeux l'exemple de leurs ancêtres , qui faisoient entrer dans Pise , une quantité prodigieuse d'eau excellente par le moyen d'un aqueduc , aussi beau que l'est celui de *Caldaccoli*. Un tel aqueduc auroit pu aisément se réparer , et s'entretenir à peu de frais dans ces derniers siécles.

RÉFLEXIONS SUR LA FERTILITÉ , LA SALUBRITÉ ET LA POPULATION DONT JOUISSOIENT JADIS LA VILLE ET LA PLAINE DE PISE.

IL n'y a presque rien à dire sur la culture et la fertilité de la plaine de Pise, dans les temps réculés. Nous n'avons point de renseignements sur ce sujet , et Pline lui seul en fait une legère mention. Il est pourtant vraisemblable que la culture étoit alors très-considérable , parce que la population étoit aussi infiniment plus grande qu'elle ne l'est à présent. Néanmoins je suis porté à croire que la différence ne peut être considérable, parce que même dans

les temps les plus florissants de la République de Pise , il s'y trouvoit encore des
bois immenses , tels que ceux de Tombolo,
de Saint Rossore , de Migliarino , et de la
vallée de Calci. Il faut remarquer aussi
qu'en 1292 , le comte Guido de Montefeltro
délivra Pise , d'une grande famine, en faisant semer le pays de Saint *Piero in grado*,
jusqu'au port de Pise.

J'oserois d'ailleurs avancer que la salubrité de l'air de la ville et de la campagne de Pise , même dans les temps les plus
heureux de cette République , n'a jamais
excédé celle dont on y jouit à présent. Il
est certain qu'au quatorziéme siécle , il y
régnoit une maladie épidémique , appellée
cachexie , qui est une espèce de dépérisse-
ment du corps , ou appauvrissement du
sang , très-commune dans les campagnes
maritimes , où l'air est mal sain. *Jean
Boccace* confirme lui - même cette assertion, lorsqu'en voulant exalter la beauté de
la femme de Richard *de Chinsica* , il dit
qu'elle étoit une des plus jolies personnes
de Pise , mérite très-rare , ajoute-t-il ; *la
plûpart des femmes y ressemblant ordinairement à des lezards.* Ce reproche ne peut

s'appliquer aujourd'hui aux dames de Pise, ni
à celles de la ville, ni à celles de la campagne,
dans les cantons les mieux cultivés : elles ont
même un teint si fleuri, une carnation si saine,
qu'elles n'ont rien à envier, à cet égard,
à celles qui habitent la partie de la Toscane la plus montueuse, et reconnue la
plus saine. Si l'on veut savoir quelle sorte
d'air régnoit alors dans ces campagnes, pendant l'été; il faut lire la rubrique dix-sep-
tiéme des statuts de Pise intitulés : *consti-
tutum legis Pisanœ civitatis*, année 1160,
pag. 13, et dans mon exemplaire, pag. 18.
Ce manuscrit se trouve dans la bibliothéque de M. l'Auditeur Francesco Mormorai.

L'air pestiféré de la campagne de Pise
en 1499, causa dans l'armée des Florentins, qui assiégeoient alors la ville, une
maladie cruelle, qui y produisit des ravages affreux. L'*Ammirato* atteste lui-même
cet événement. L'air qui a coutume de
régner à Pise pendant l'été, est si mauvais,
dit-il, et particulièrement dans ce temps,
où l'on n'avoit point encore, comme a
fait depuis le grand Cosme, desseché et
cultivé les étangs et les marais qui l'environnent, qu'en moins de deux jours, il

se répandit dans le camp des Florentins ; un désordre si étrange, qu'il fut absolument impossible à Parlo Vitelli , de donner à Pise l'assaut général qu'il avoit fixé au 24 du mois d'août. Les maladies s'accrurent et se multiplièrent de jour en jour : et enfin il se vit réduit à lever le siége , et à abandonner son camp. On peut lire dans Matteo Palmieri *de captivitate Pisarum* , une autre description tragique de la malignité de l'air de la campagne de Pise. Pour éclaircir cette matière encore davantage , on peut lire une rubrique des statuts, ou brefs , comme ils sont appellés , de l'*art des apothicaires de la ville de Pise* , rédigés en 1495 , et approuvés par le gouvernement de Florence. Ces manuscrits originaux se conservent dans la bibliothéque de *Magliabechia*.

La population de Pise a varié en différents temps. Elle étoit certainement très-nombreuse du temps de la République , comme le marque le célébre chevalier *Flamminio del Borgo ;* Monseigneur Girolamo, de Sommaia, dans un de ses mélanges manuscrits, qui se trouve dans la bibliothéque de Magliabechia , prétend qu'au onzieme siécle, il a dû s'y trouver, tant dans la ville que dans les fauxbourgs, cent cinquante mille ames. Il fait ce calcul, d'après le rapport de la taxe des *fumanti*, c'est-à-dire des feux, imposée pour la construction de la cathédrale. D'après ses calculs, il fait monter le nombre des feux, à trente mille, en comptant cinq personnes par feu. En 1060, il s'y trouvoit plus de trente-quatre mille feux. *Le Sommaia* a aussi observé qu'en 1596, le Vicaire Bocca fit l'énumération des individus qui se trouvoient dans Pise ; et qu'en 1612, il s'en fit une autre qui étoit déja moins forte que la premiere ; puis en 1615, l'Archevêque *Bonciani* en fit faire une semblable, où le nombre des hommes ne se trouva plus que de 15060, en y comprenant même la cour du grand Duc, qui y résidoit alors.

Dans une remontrance faite par un anonyme, député par la commune de Pise, à la grande duchesse régente, Marie-Magdeleine d'Autriche, pour la supplier de ne point supprimer les foires, on lui représente que leur établissement avoit fait monter le nombre des habitants à Pise, du tems du grand duc Cosme, de cinq mille à vingt-deux, et qu'ensuite ce nombre s'étoit réduit à sept ou huit mille, du temps du grand duc François : qu'il s'étoit depuis accru jusqu'à dix-huit mille, sous le regne du grand duc Ferdinand I., qui rétablit les foires que son prédécesseur avoit abolies. On y observe que Cosme II accorda la permission de cultiver les bois de pins, et qu'enfin, en raison de ces avantages et de beaucoup d'autres encore, tels que l'institution de l'ordre et du collége de Saint Etienne, Pise avoit vu le nombre de ses habitants, augmenter de neuf mille, depuis 1588.

J'ai vu encore une remontrance de six gentilshommes Pisans, députés par son Altesse Sérenissime, le grand duc Ferdinand II, pour proposer les moyens de repeupler la ville de Pise, et y faire refleurir le commerce. Elle est datée du mois de janvier 1632, qui, suivant la maniere de compter des Pisans, peut bien n'être que 1631. J'imagine que ce souverain bienveillant, exauça les prieres de cette ville, et combla ses désirs, en lui accordant une infinité de priviléges, dont j'ai vu le détail, sous le titre de *Graces accordées à la ville de Pise,*

par son Altesse Sérénissime, le 26 janvier
1631.

HISTOIRE DU PORT DE PISE ET DE LIVOURNE.

L'ENVIE extrême que j'avois de reconnoître moi-même la vraie situation de l'ancien port de Pise, jadis si fameux, a été un
des principaux motifs qui m'ont engagé à
continuer mon voyage, jusque dans le territoire de la ville de Livourne. D'après les
renseignements que j'avois sur ce lieu, j'ai
cru ne devoir le chercher que dans ses environs. Ce désir s'étoit formé en moi, depuis un grand nombre d'années, en feuille-
tant les meilleurs historiographes de la Toscane, que je lisois alors, pour me délasser
d'études plus sérieuses et plus approfondies,
et en y trouvant des mentions fréquentes,
d'un port sûr et commode, à l'usage des
habitants de la ville de Pise ; tout le monde
convient qu'ils ont été longtems, les maîtres
absolus de la Méditerranée. Je ne pouvois
que former les plus vifs regrets, en réflé-
chissant qu'un port si important, a été depuis

puis tellement négligé, qu'on sçait à peine, maintenant, où il existoit. Les géographes que j'avois consultés sur ce sujet, au lieu de satisfaire ma curiosité et de dissiper mes doutes, n'avoient servi qu'à les multiplier encore, et à augmenter mon incertitude. Les uns le plaçoient à l'embouchure de l'Arno, les autres à Livourne : Mais je me fondois toujours sur l'autorité des historiens, et sur la solidité des raisonnements physiques, pour croire qu'il n'avoit jamais existé dans aucun de ces lieux, mais qu'il devoit certainement avoir été situé à quelque distance de Livourne. Je résolus donc de copier tous les passages relatifs à ce port, que je trouverois dans les auteurs qui en ont parlé, pour essayer, dans le cas où je me trouverois un jour à Livourne, si je ne pourrois pas, aidé et éclairé par les renseignements qu'ils donnent à ce sujet, guidé par les vestiges qui peuvent encore s'en trouver sur les lieux, parvenir à éclairer et fixer ce doute par moi-même. Je ne pouvois point espérer ni rencontrer d'occasion plus favorable, que celle de ce voyage. En conséquence le lundi 22 octobre au

Tome I.   V

matin, je commençai mes recherches et je me fixai d'abord au lieu sur lequel, d'après les notes que j'avois apportées avec moi, toutes mes conjectures se réunissoient. J'employai presque toute la matinée à l'examiner avec une attention scrupuleuse. Le vendredi suivant au matin, j'y retournai encore pour l'examiner de nouveau. Je remarquerai que l'après diné du lundi, je l'avois observé d'un autre côté par mer. Au moyen de ces observations réitérées, je parvins enfin à reconnoître suffisamment le port antique de Pise, et à trouver les causes qui ont hâté sa destruction. Je rendis compte à plusieurs de mes amis de ce que j'étois venu à bout de découvrir à ce sujet, et après avoir pleinement satisfait ma curiosité, je couchai par écrit mes réflexions.

Quelque temps après il me vint dans l'idée de revoir ces observations, et je me déterminai à les publier pour plaire à plusieurs gentilshommes de Livourne, qui accueillirent le fruit de mes travaux et de mes fatigues, avec une bienveillance infinie. Ils favorisèrent mes recherches, au point de faire faire des excavations dans une partie du rivage du port de Pise , où j'avois trouvé les inscriptions que je rapporterai en temps et lieu , et où j'avois rencontré des ruines de monumens antiques. Enfin ils me firent une douce violence, et me forcerent de cette maniere à écrire tout ce que j'étois parvenu à découvrir touchant le port de Pise et Livourne. Je retournai donc à Livourne le 16 janvier 1743 , et j'y restai cinq jours entiers pour avoir le temps d'observer ce qu'on avoit trouvé dans les excavations faites conformément à mes desirs , et pour me mettre en état de donner à cette description le plus grand dégré d'évidence et d'exactitude.

C'est ainsi que s'est présentée naturellement cette dissertation , et que peu à peu elle s'est étendue à tel point , qu'elle ressemble plutôt à une chronique du port de Pise et de Livourne. Je serois néanmoins bien fâché qu'on la regardât comme telle , d'autant qu'elle est trop imparfaite , que pour la rendre complette , il faudroit y employer infiniment plus de temps , et que d'ailleurs cet ouvrage est au-dessus de mes lumières et de mes connoissances. Les citations que j'ai faites sont les plus sures que j'aie pu rencontrer : elles serviront au moins à indiquer aussi précisément qu'il m'a été possible , la situation et la forme antique du port de Pise et de Livourne , et les altérations successives que ces deux endroits considérables ont subies , jusqu'à ce qu'enfin , le port de Pise , s'étant pour ainsi dire anéanti , la ville de Livourne est parvenue à ce haut dégré de puissance et de gloire , qui est la source de la richesse immense , et des avantages inappréciables de la Toscane , et qui excite à la fois l'envie et l'admiration de l'Europe entiere.

NÉCESSITÉ POUR LES PISANS DE SE CONSTRUIRE UN PORT.

LA ville de Pise qui jouit d'ailleurs , de la situation la plus avantageuse qu'on puisse desirer , et en même temps la plus favorable à une nombreuse population , manque cependant encore de deux avantages qui sont essentiels. Le premier seroit une pente plus considérable dans sa plaine , si vaste et si fertile , afin qu'elle pût décharger plus facilement ses eaux dans la mer, tant celles qui y viennent du dehors et qui la traversent , pour se rendre à la mer , que celles qui y tombent du ciel , ou qui y prennent leur source. Le second avantage à desirer pour la ville de Pise , seroit que le fleuve de l'Arno fût plus considérable , et pût lui fournir un port sûr et commode , comme fait la Tamise à Londres , le Tage à Lisbonne , et l'Escaut à Anvers , &c.

Servius , dans ses Commentaires sur le dixiéme livre de l'Enéide de Virgile , assure que les Lydiens donnoient au mot *Pise* l'interprétation de port excellent. Je ne prétends pas non plus que dans des temps plus reculés , le fleuve de l'Arno ait été plus propre à la navigation qu'il ne l'est à présent , même pour les gros navires ; et même que les Pisans s'en soient servis très - avantageusement dans les temps les plus florissants de leur République , pour conduire jusqu'à Pise même, leurs galeres qui, d'ailleurs étoient infiniment moins grandes, que celles dont ils se servent à présent. Car les historiens eux-mêmes attestent que les galeres de Pise étoient plus legeres , et d'une utilité plus efficace que celles de Genes. D'ailleurs par la forme, et le peu d'étendue des auvents et des chantiers du vieil arsenal de

cette ville , on remarque évidemment qu'elles avoient tout au plus en longueur la
moitié de celles que l'on construit de nos
jours. Toutefois il passe pour certain que,
même dans ces temps reculés , les bâtimens pendant la plus grande partie de
l'année , trouvoient une difficulté infinie à
pouvoir gagner l'embouchure de l'Arno ,
et à parvenir jusque dans Pise sans accident.
Dans la fameuse conquête de l'isle Majorque , que les Pisans exécuterent au commencement du douziéme siécle , les vaisseaux , ou plutôt les galiotes , à cause de
leur poids , furent exposées à un grand
danger à l'embouchure de l'Arno ; l'on
fut même obligé de les rendre plus légeres.
En 1284, les Genois remporterent une vic-
toire éclatante sur les Pisans, dont ils mirent l'armée navale en déroute , précisément au lieu appellé *la Meloria*. Un annaliste de Pise , en rapportant cette action ,
observe que l'armée des Pisans éprouva un
nombre infini de contre-temps et de désavantages ; mais sur-tout qu'elle dût sa perte
à la nécessité où elle fut de rester dans
l'Arno à *Saint Rossore* , sans qu'il lui fût
possible pendant douze jours , de passer

l'embouchure de ce fleuve. Le savant *Pierre Vettori*, dans l'Oraison funebre qu'il fit du grand duc Cosme I, compte au nombre des grandes actions de ce Prince, la construction du canal qu'il fit faire depuis la ville de Pise jusqu'à Livourne, et qui est d'un si grand avantage pour la navigation. Par ce canal, dit-il, on transporte à Pise toutes les marchandises sur des vaisseaux dans tous les temps de l'année, et avec autant de sûreté que d'aisance. Tandis qu'autrefois ces vaisseaux parvenus à l'embouchure de l'*Arno*, étoient presque toujours obligés d'attendre le temps favorable pour passer, et souvent même périssoient dans ce passage étroit et serré. C'est ce qu'atteste aussi *Aldo Manucci* qui a écrit la vie de ce grand duc.

Il seroit aisé de confirmer encore cette verité, s'il étoit nécessaire, soit par l'autorité de plusieurs autres écrivains, soit par la force des raisonnements physico-mathématiques ; mais je me contenterai de citer ici, plusieurs sages précautions prises par la République de Pise, pour que les navires pussent, sans aucun danger, entrer et sortir par l'embouchure de l'Arno. On on trouve quelques-unes dans les statuts de Pise , qui sont intitulés *Brefs de tous arts et métiers quelconques , publiés en 1306. St. Pis. Ind. 111. 10. Kal. Maii* du temps du gentilhomme *Brancaleone d'Andolo* , Bailli à Bologne , et que l'on conserve dans la chancellerie de la communauté de Pise ; mais sur-tout dans les brefs , ou statuts de la cour de mer contenus dans un superbe cahier de parchemin. M. le chancelier *Zanobi Pomi* , qui m'accompagna dans la plus grande partie de ce voyage , m'a dit que dans ces derniers , à la rubrique 41. *De Turri Fauçis Arni* , il est ordonné que le gardien de la tour avertira les bâtiments du temps favorable , pour sortir de l'embouchure de l'Arno. Enfin ces statuts font connoître évidemment que le port de Pise étoit bien différent , bien éloigné de l'embouchure de ce fleuve. Une infinité d'autres passages démontrent encore plus clairement la vérité de cette assertion , et confondent les efforts ingénieux de ceux qui veulent prouver le contraire. Il n'y avoit à l'embouchure de l'Arno , que cette tour armée dont je viens de parler , et que l'on voyoit encore du temps du comte

Ugolino de la Gherardesca. Jacques *Arrosti,* dans ses *Chroniques manuscrites* , observe qu'en 15oo Paolo Vitelli leva le siége de Pise, et qu'alors les Pisans recouvrerent cette tour.

Le peu d'avantage que les Pisans retiroient de ce fleuve , fut sans doute ce qui les détermina à se procurer , dans les environs , un port naturel , d'une espece quelconque , mais plus vaste et plus sûr. C'est précisément ce que firent les Romains eux-mêmes. Quoique le Tibre fût plus propre à la navigation que celui de l'Arno , ils se servoient néanmoins , pour les gros bâtimens , des ports d'Auguste , d'Ostie , d'Auzio , de Centocelle , de Misine , &c.

Si l'on considere ensuite quelle est et quelle a pu être pendant plusieurs siécles, la plage de la mer Tyrrenienne , ou du golfe de Pise , comme l'appelle Cornelius Tacite ; on reconnoîtra que Pise n'a pu avoir un port naturel , d'une certaine grandeur , autre part que dans les environs de Livourne ; car l'embouchure du Serchio , n'étoit point telle qu'elle est maintenant ; et quand même elle l'auroit été , elle avoit encore de plus grands inconvéniens , que celle de l'Arno. Or les statuts de Pise nous prouvent clairement qu'elle étoit non-seulement différente, mais même très-éloignée du port de Pise, et qu'elle étoit gardée par une tour armée, semblable à celle de l'Arno. Les embouchures de Stagno, ou plutôt de Calambrone, avoient encore les mêmes désavantages, et peut-être de plus grands. Il n'y avoit que quelques jours dans l'année, où elles pussent permettre l'entrée aux bâtiments médiocres et jamais aux galeres, ni aux vaisseaux d'une certaine force. On pourroit alléguer qu'ils avoient le port des Coquilles; mais ce port, si l'on peut lui donner ce nom, outre qu'il étoit naturellement peu considérable, s'étoit comblé déja depuis plusieurs siécles, et par conséquent ne pouvoit plus être d'aucun usage pour la République de Pise.

SITUATION DU PORT DE PISE.

AINSI donc le port le plus vaste et le plus voisin que la République de Pise pût se procurer, pour venir à bout d'exécuter tant et de si glorieuses entreprises, et étendre son commerce dans toute la Méditerranée, étoit éloigné de Pise, d'environ douze milles. C'est ce que confirme *Goro di Stagio Dati*, dans sa Chronique de Florence, en disant que Pise est située à près de cinq milles de la mer du côté de l'embouchure de l'Arno ; et à près de douze milles du port de Pise. Il ajoute que ce fleuve traverse la ville, qu'il est très-considérable, et qu'il sert à faire remonter vers Pise les galeres et les grosses barques, qui viennent de la mer.

HISTOIRE DE PISE SOUS LA DOMINATION DES FRANÇOIS ET DES GÉNOIS.

LES calamités qui opprimerent la République de Pise, pendant une longue suite d'années, furent enfin suivies de la perte de cette liberté qu'elle avoit si mal défendue. Un désastre si grand ne pouvoit se passer sans que Livourne s'en ressentît. Et en effet nous trouvons qu'en 1404, elle fut le prix de la protection à laquelle la République fut obligée de recourir. *Gabriello Maria*, fils naturel de Giovanni Galeazzo Visconti, duc de Milan et seigneur de Pise, craignant de se voir accablé par les Florentins, se mit sous la protection de Charles VI, roi de France, et implora le secours du maréchal de Boucicault, gouverneur de Gênes pour ce souverain. En conséquence il lui remit Livourne entre les mains, avec le port de Pise, pour prix de la protection qu'il lui accordoit, et fit avec lui un traité, qui a été publié par Leïbnitz. En 1405, le même Gabriello vendit aux Florentins la ville de Pise avec tout son domaine, ses isles et ses ports. Le contrat fut passé le 27 du mois d'août. Le lendemain Boucicault ratifia, au nom du roi de France, seigneur de Genes, la vente de la ville de Pise, faite aux Florentins, par Gabriello Maria, et comme dit le Morelli dans sa Chronique, pag. 228, il vendit aux Florentins la jouissance, mais non la possession de Livourne. Le gouvernement de Boucicault ne fut pas de longue durée, mais il fit le bonheur des habitans de Livourne : pour s'en convaincre, il suffit de lire ses diplomes contenus au livre verd, qui se conserve dans la communauté de Livourne. M. le chancelier Giuseppe Mattei a bien voulu m'en communiquer une copie d'après l'original.

Le 3 septembre de l'année 1407, Boucicault rendit librement aux Genois la ville de Livourne ; mais trois jours après la donation , ils lui payerent 26 mille ducats d'or , ou, comme quelques-uns prétendent, seize mille pour la garde de cette ville , et les réparations qu'il avoit faites dans les fortifications. M. le chancelier Giuseppe a bien voulu encore me procurer une copie de cette cession , ou vente tirée du même livre verd de la communauté de Livourne.

Il est vraisemblable que cette vente déplut fortement aux Florentins. Car la ville de Pise sans le port , ne procuroit presque aucun avantage à leurs marchands , qui étoient très-nombreux ; leur commerce devenoit ensuite par - là , en quelque sorte , dépendant des Genois , qui d'ailleurs n'étoient point leurs amis , et qui étoient devenus leurs rivaux en industrie. Ces deux Républiques ayant ainsi un pouvoir limité sur Livourne, et le port de Pise , il en résultoit une confusion de droits , qui naturellement devoit être la source d'une infinité de débats. Ces querelles s'étant augmentées avec le temps , on en vint enfin à une guerre ouverte , qui éclata en 1414. Les Florentins ayant trouvé moyen de chasser

Boucicault de la République de Genes , ils acheterent *Portovenere* d'un François, qui le gouvernoit sous le nom de ce maréchal. Ils acheterent encore le château de *Lerici , Portofino et Sarzanello*. Ce furent les Genois qui commencerent les hostilités , pour recouvrer ces terres, qui leur avoient été injustement enlevées. Ils menacerent de se joindre à *Ladislas* , roi de Naples , ennemi mortel des Florentins, et d'ailleurs très-puissant. Cette menace eut tout l'effet qu'on pouvoit en attendre. Les Florentins se déterminerent à en venir à un accommodement avec les Genois , et leur envoyerent deux ambassadeurs à cet effet. Les négociations furent souvent réitérées, mais peut-être n'auroient-elles jamais produit la paix désirée , si le souverain Pontife , pour en accélérer la conclusion , n'eût employé tout le zele dont il étoit capable. En conséquence il députa son nonce apostolique *Tommaso da Fermo* , professeur de théologie , général de l'Ordre des Prêcheurs , et le munit d'un mandat spécial. Les Florentins , de leur côté, envoyerent un troisième ambassadeur , ou ministre plénipotentiaire , et le revêtirent d'une commission plus étendue. Ce fut à Lucques et en présence de ce nonce, que furent discutées les prétentions de chacune de ces Républiques, par leurs commissaires respectifs. Enfin le 27 avril 1413, il fut conclu dans l'église de Saint Romain, de l'Ordre des Prêcheurs, un long traité de paix, entre les Genois et les Florentins, et l'on y ajouta plusieurs réglemens de commerce et conventions minutieuses. J'en ai trouvé une copie authentique, dans la bibliothéque de *Magliabechia*, ainsi que plusieurs paragraphes capables de satisfaire la curiosité de ceux qui désireroient de plus longs, et de plus amples éclaircissemens sur la chorographie, et le gouvernement de Livourne et du port de Pise.

Cette multiplicité de conventions devoit naturellement donner lieu à une infinité de disputes, sur l'interprétation de quelques chapitres du Traité de Paix. Et en effet en 1417, les commissaires des deux Républiques furent obligés de donner de nouveau, des éclaircissemens, et des explications sur ces chapitres. Du reste, ils arrêterent unanimement, que les parties devoient s'en rapporter à la décision d'un médiateur désintéressé.

Si ce traité ne procura aucun avantage aux Florentins, on peut dire qu'il fut une source de prospérités pour la ville de Livourne : elle devint dès-lors le centre de commerce des Genois et des Florentins, c'est-à-dire, des deux nations les plus commerçantes, qui fussent alors dans l'univers. Sa population s'accrut incroyablement, et le pere Magri nous assure qu'il vint s'y établir un nombre infini de familles de Genes, de la Riviere, et des pays circonvoisins.

Quant à l'usage que les Romains firent du port de Pise, du temps de l'empire, je ne crois pas inutile d'observer que *Stilicon*, généralissime de l'empereur Honorius, séjourna à Pise l'espace d'un an, pour y lever une puissante armée navale destinée à passer en Afrique, contre Gildone, usurpateur de ce royaume. Cette flotte qui devoit servir à transporter autant de troupes que Stilicon jugeroit nécessaires, pour réduire Gildone au devoir, ne devoit pas être peu considérable ; néanmoins après le débarquement, les deux armées étant en
face

face l'une de l'autre , celle de Gildone se trouva infiniment supérieure , et composée de soixante et dix mille combattants. J'ai tiré cette note des Annales de Muratori , année 398.

Il paroît évident que, quoique l'Arno ait toujours été navigable , il n'a cependant jamais pu avoir une grande abondance d'eaux; ensorte que Stilicon aura été obligé d'avoir recours au port de Pise. Les auteurs que j'ai déja cités, peuvent sans doute fournir des lumieres plus grandes sur ce point.

Cette affluence prodigieuse de peuples du levant , qui se trouvoient alors à Pise, est la plus forte preuve de l'état florissant du commerce, dont elle jouissoit en 1016, époque à laquelle Muratori rapporte cette anecdote dans ses annales d'Italie.

Dans ces temps , le commerce du monde entier , se faisoit au levant, parce qu'on ne connoissoit point encore d'autre route aux Indes orientales. Delà vient que les nations qui se trouvent citées, sont toutes des nations du levant, qui venoient à Pise, pour y exercer toutes sortes de trafics, et qui fréquentoient le port de Pise, comme étant vraisemblablement le plus commode et le plus connu.

Je ne puis m'empêcher de témoigner ici de l'humeur, contre ceux qui ayant trouvé, je ne sçais où, que les Pisans, pour construire leur cathédrale, avoient employé les femmes comme journalieres, concluent delà, que Pise, alors, n'étoit encore que très-peu peuplée. La cathédrale de Pise, avec les édifices superbes qui en dépendent, fut fondée en 1063, c'est-à-dire, treize ans avant la mort de la duchesse Béatrix. Denizone, dans la vie qu'il a écrite de cette princesse, ne reproche à Pise, d'autre défaut, que celui de donner azile à une affluence de peuples, d'une religion différente de la nôtre. Ensuite on ne lit nulle part que cette ville ait éprouvé aucun accident, qui ait pu faire diminuer le nombre de ses habitants, au point de les réduire à la nécessité d'employer les femmes, pour la construction de ces quatre édifices étonnants. D'ailleurs, il n'est pas possible de supposer que ce peuple, qui jouissoit alors d'une gloire si universelle, ait été assez imprudent, pour entreprendre des monuments si considérables et si nu-

gnifiques, dans des circonstances malheureuses, et dans un temps de dépopulation.
L'usage d'employer les femmes dans les bâtiments, existe encore à présent dans les
collines de Pise. C'est une grande ressource
pour les pauvres gens, parce que les hommes
s'occupent à des travaux plus profitables,
pendant que leurs femmes gagnent elles-
mêmes leur journée. Vraisemblablement on
aura fait de même alors à Pise, où les hommes
avoient l'avantage de trouver des occupa-
tions plus lucratives.

HISTOIRE DE LIVOURNE ET DU PORT DE PISE, SOUS LE GOUVERNEMENT DE LA RÉPUBLIQUE DE FLORENCE.

IL en coutoit trop aux Florentins, de se
voir dans la dépendance de Livourne, et du
port de Pise, pour qu'ils demeurassent tran-
quilles. Ils mirent en œuvre toutes sortes
d'artifices, pour s'en procurer la possesion
absolue : et réussirent enfin, en 1421. Ce qui
contribua principalement à cette révolution,
fut le besoin extrême d'argent, auquel la
république de Genes se trouva réduite, pour
se défendre contre Philippe-Maria, duc de

Milan, qui lui avoit déclaré la guerre. Il est certain que *Tommaso de Campofregoso*, Doge et défenseur du peuple de Genes, *nec non Consilium Antianorum et Officium Provisionis Monetæ Communis Januæ et Baliæ Præfatæ Civitatis*, dans le Senatus-consulte par lequel ils ordonnent cette vente, déclarent être forcés à vendre Livourne, aux Florentins, pour se procurer promptement de l'argent, n'ayant point d'autre moyen pour en trouver. Dans ce Senatus-consulte, il est ordonné que l'on vendra Livourne, avec toutes ses dépendances et jurisdictions, *cum omni jure pertinente ad ipsum communem Januæ, vel possesso aut detento---- et tam per venditionem seu concessionem factam sibi Communi de prædictis per Magnificum Dom. Jo. le Meingre Dictum Boucicaut locum tunc tenentem Regium in Civitate Januæ, quam vigore Capitulorum Pacis, firmatæ die 27 Aprilis A. D. 1413, inter Magnates Communis Florentiæ ex alterâ, quam etiam declarationum factarum posteà die 21 Maii 1717. Inter eadem &c.* Le contrat de cette vente, fut donc passé le 27 juin 1421; il y est dit que Cosme *Tarigo*, procureur et syndic de la République de

Genes, vend à celle de Florence, pour la somme de cent mille florins, empreints de l'ancienne marque de Florence, *Castrum, Terram et Fortilitia Liburni , cum Portu quocumque et Pisano Portu et Turri Lanternæ et quibuscumque aliis Turribus et Fortilitiis, Possessionibus , Domibus, Bastitis , Palizzatis , Territoriis et quæ continetur his finibus. Unum caput incipit in stagno , usque ad locum dictum , les murs de S. Salvestre , et usque ad mare ; aliud caput est in loco dicto in Chioma , et latus unum in Mari, aliud in serris et serras , prout aquæ pendent usque ad muros montis maximi et partim in monasterio sive Heremitorio S. Mariæ de la Sambuca et usque ad ecclesiam S. Luciæ de Limite;* (dans une autre copie il est dit de la Montagne *) et partim in loco dicto aqua viva , cum segapalia , usque in chioma et portus Pisanus et quicumque portus Liburni , cum quibuscumque eorum confinibus et pertinentiis , turribus et fortilitiis, &c.*

Chacun peut juger de quelle importance cette acquisition étoit pour les Florentins, entierement livrés au commerce. *Benedetto Dei,* négociant Florentin , très-instruit et.

X iij

très - habile , qui mourut en 1493 , a dit, dans un de ses mélanges manuscrits , de l'histoire de Florence , année 1400 , dont l'original se conserve dans la bibliothéque de *Maglibechia* , que Pise sans Livourne, étoit un corps sans ame ; c'est une vérité palpable , que les Florentins sont devenus maîtres de la ville de Pise , en 1406. Ils n'avoient jamais navigué avant l'année 1422 , et c'est Livourne qui leur a inspiré ce goût.

Francesco *Guicciardini* , rapporte l'extrême déplaisir que causa aux Génois , la perte de Livourne. Il dit, entr'autres choses, que Pise , séparée de cette ville, avoit perdu tous ses avantages et toutes ses commodités. Les paroles de ces deux écrivains , font aussi connoître clairement , que le port de Pise étoit déja devenu presque inutile. En 1422, on lança à la mer, avec beaucoup de pompe et de solemnité , la premiere galere armée : elle avoit pour capitaine, Zanobi Capponi, et étoit destinée à faire le voyage d'Alexandrie , pour ouvrir le commerce d'épicerie et d'autres marchandises. Afin de commencer à exercer la jeunesse à ces sortes d'expéditions, on fit embarquer douze jeunes gens des meilleures familles. La République envoya aussi, à cet effet, des ambassadeurs, munis de riches présents, au Soudan d'Egypte, à Antoine Acciainoli, souverain de Corinthe, au duc de Cephalonie, et au gouverneur de Majorque, pour obtenir la liberté du pavillon.

Le 15 avril 1422, le concours de monde fut aussi considérable que le jour de Saint Jean; parce que le 20 du même mois, on devoit mettre à la voile une galere, armée à la légere, et équipée pour le voyage d'Alexandrie. C'étoit la premiere qui entreprît cette expédition, et elle étoit commandée, comme nous l'avons dit, par Hanobi Capponi : on lui donna cinquante compagnons, et outre cela, douze jeunes gens de bonne famille. L'équipage, en tout, étoit composé de deux cent cinquante personnes. C'est une note que j'ai trouvée dans un journal de Florence, au 50e cahier, de la 25e suite des manuscrits de la bibliothéque de Magliabechia.

M. Rosso Martini, gentilhomme très-sçavant, m'a fait voir dans des mémoires de Julien de Tommaso, de Guccio Martini, son prédécesseur, au 20e cahier de sa bibliothéque choisie , à la page 74 de l'année 1423, une note écrite de la main même de Julien : Livourne, dit-il, a environ 400 créneaux , et l'espace qui les sépare, a quatre coudées : de maniere que la circonférence entiere, peut bien renfermer seize cent coudées. Cette ville a deux·belles forteresses, une vers le levant , et l'autre vers le couchant. Les murs de la tour ronde, appellée la neuve, qui est du côté du couchant, sont larges de cinq coudées. J'ai mesuré les deux galeres , qui firent voile pour la Flandre ; elles sont longues de 75 coudées, larges de dix, et hautes de cinq. Les galeres que l'on se propose d'armer, sont longues de 72 coudées , larges de six , et hautes de quatre. D'ailleurs les Florentins ont entretenu des galeres armées, jusqu'en 1365.

La République de Florence sçut donc apprécier la valeur de ce trésor, et pourvut bientôt, par de sages ordonnances , à la sûreté et à l'avantage des négociants et des habitans de Livourne.

Si la République de Florence , réussit à se maintenir dans la possession de Livourne, et à rendre vains, tous les efforts des Génois, elle ne sçut pas si bien se garder contre ses propres citoyens : de maniere qu'en 1494, elle perdit la propriété d'une place si importante. Pierre de Médicis, qui jouissoit en secret, dans la République, d'une autorité de prince, avoit entr'autres avantages, celui de pouvoir disposer de presque toutes les forteresses, mais particulierement de celle de Livourne, qui étoit gouvernée par ses confidents. Ayant donc été forcé d'abandonner sa patrie, il chercha à mériter la protection de Charles VIII, roi de France, en lui livrant les forteresses qui étoient en son pouvoir. Le Roi, charmé d'une offre qui lui procuroit une acquisition si précieuse, mit dans Livourne, une garnison françoise, mais du reste, abandonna le gouvernement civil aux Pisans, qui, par son moyen, s'étoient, jadis, soustraits au joug des Florentins, et avoient formé une nouvelle République. Toutefois ils ne jouirent pas longtems de leur pouvoir. Car le Roi de France remit, l'année suivante, Livourne entre les mains des Florentins, qui rentrerent dans leur possession, le 15 septembre.

Cette acquisition, toute dispendieuse qu'elle étoit pour les Florentins, leur fut aussi avantageuse, que préjudiciable aux Pisans.

En consequence, leur premier soin se porta à fortifier cette place, et à la mettre en état de défense. D'un autre côté, les Pisans s'étant joints à l'Empereur, aux Vénitiens, et aux Milanois, leurs alliés, l'attaquerent deux fois, et firent des efforts soutenus pour s'en emparer. Outre les différents revers qu'ils éprouverent, la discorde se mit entre les alliés. Les Vénitiens et les Sforceschi, se disputerent la possession du port de Livourne, avant qu'on eût pris cette place. Ainsi donc tous leurs efforts se réduisirent à faire beaucoup de tort aux habitants de Livourne, par l'interruption du commerce, triste fruit de cette guerre, qui dura tant d'années. Leurs affaires publiques furent longtemps sans pouvoir se rétablir : delà vient que, depuis 1494 jusqu'en 1520, on ne trouve dans les archives de cette communauté, aucuns mémoires qui puissent servir à éclaircir son histoire.

CAUSES PAR LESQUELLES LE PORT DE PISE EST DEVENU INUTILE.

Je pense qu'on peut les distinguer en causes artificielles et en causes naturelles.

Les premieres sont les dévastations fréquentes et considérables, produites par tant
d'ennemis qui se sont armés contre les Pisans. Mais surtout le tort qu'a fait à ce port
la faction des Guelfes, en faisant combler
son embouchure. Il faut ajouter à ce désastre, les circonstances malheureuses, dans
lesquelles se trouva souvent la République
de Pise, particulierement dans les temps
qui précéderent sa ruine, et qui ne lui per-
mirent pas de réparer promptement et complettement ce port. Mais les causes naturelles ont peut-être encore plus efficacement
contribué à sa destruction. Ce port étoit un
golphe naturel, dont le fond étoit très-peu
incliné, comme l'est tout le reste de la plage
du golphe de Pise. A son embouchure, il y
avoit des deux côtés, plusieurs filons horizontaux de pierres spongieuses, composés
de sable et de petites brisures de coquillages,
semblables à ceux qui s'étendent depuis Livourne, jusqu'aux racines de Montmero. Je
ne sçaurois trouver les causes qui ont ainsi
brisé ces filons et produit cette séparation,
qui n'existoit sûrement pas dans l'origine.
Les mêmes causes pourroient bien aussi avoir
creusé le golphe que formoit le port. Les por-

tions de ces filons qui restent entieres, et
sur lesquelles on bâtit par la suite les tours
du port, sont de petits moles naturels, qui ont
diverses directions, et qui, parconséquent,
coupent les marées en différentes parties,
empêchent les renouvellements en certains
endroits et en d'autres les favorisent. C'est
dans ce golphe que se déchargeoient les
eaux des torrents Cigna et Ugione, qui se
réunissent ordinairement en tombant des
collines, et entraînent une grande quantité
de limon. Il faut ajoûter à cela, que celui
du fleuve de l'Arno, s'y joint encore fort
souvent. Dans le fond il se trouvoit une
quantité prodigieuse d'algue, et d'autres
plantes marines de substance membraneuse;
comme on en voit encore, même à présent,
à son embouchure, c'est-à-dire, en face des
tours. La nature du lieu et l'usage de s'y
nourrir de ces plantes, me confirment encore dans mon opinion. En outre, si l'on
en croit un ancien auteur, dans l'excavation que l'on fit en face de la fontaine de
S. Etienne, c'est-à-dire, sur le bord du
golphe du port, on trouva une quantité
étonnante d'algue, putréfiée et presque réduite en terre. Ce qui ne permet plus de

douter que cette plante ne prît jadis croissance dans le fond du port.

L'embouchure de l'Arno, dans le temps
où Pise jouissoit de la liberté, étoit plus
près du port de Pise, et lui faisoit face. La
quantité immense de limon que contient
le fleuve de l'Arno, tout éloigné qu'il est à
présent de Livourne, se répand jusques-là.
Les eaux de la partie méridionale de la
plaine de Pise, se déchargeoient dans la
mer plus près du port, qu'elles ne le font
maintenant, depuis qu'on les a réunies et
dirigées dans le canal royal. Mais autrefois
elles se précipitoient dans la mer par plusieurs embouchures, qui s'appelloient les
embouchures de Stagno, sans aucun lit
fixe, et seulement où elles trouvoient le
passage plus facile. Enfin l'embouchure de
ce port n'étoit défendue par aucun mole,
qui lui servît de rempart, et qui pût rompre
les vagues de la mer. Mais elle étoit exposée à toutes les marées, et principalement
aux bourrasques des vents de sud et de sud-
ouest. Le banc de sable immense, qui s'é-
tend depuis la Meloria, jusqu'à la distance
de quelques milles vers le couchant, étoit,
il est vrai, un mole naturel, vaste et très-

sûr pour le port de Pise, comme il l'est maintenant pour celui de Livourne ; parce qu'il rompt l'impétuosité des vagues furieuses qui viennent de la haute mer, et qu'il les empêche de maltraiter les navires et les galeres qui se trouvent à l'ancre dans la baye, ou dans le golphe, formé par ce banc de sable et le rivage : mais il n'est pas moins vrai aussi que ce banc de sable ou mole naturel se trouvant sous l'eau, qui a au moins vingt-cinq coudées de profondeur, n'est pas capable de rompre entierement l'impétuosité des vagues et de les empêcher de se précipiter dans l'espace qui se trouve entre lui et cette partie de la terre ferme, et conséquemment jusque dans le port de Pise, comme l'éprouvent journellement les vaisseaux de haut bord, en rade hors du port. Je pense donc que les bourrasques du sud et du sud-ouest, sans parler de l'action destructive du mouvement continuel de la mer, et du flux et reflux qui est peu sensible, peuvent avoir, par la suite des temps, comblé le golphe de ce port, en y déposant tout le sable qu'elles enlevoient des fonds circonvoisins, particulierement des embouchures de l'Arno et du Stagno, et en faisant déposer une grande quantité de limon aux Torrents, Cigna et Ugione, dont elles arrêtoient la course impétueuse. Des causes d'une force égale à celles-ci, ont souvent comblé d'autres golphes, en les réunissant au continent : pour en donner des exemples plus clairs, je pourrois citer le port qui se trouve en face de la ville de Luni, celui d'Auguste, d'Ostie, de Ravenne, d'Adria, et même celui de Spina, ville de Lombardie, qui du temps de Strabon, étoit à 90 stades de la mer. Le port de Pise doit avoir été plus facile qu'aucun autre, à se combler, par rapport à la grande quantité d'algue, et d'autres plantes marines qui croissoient au fond, et qui peuvent avoir considérablement contribué à l'obstruer. L'Algue est du petit nombre des plantes marines, qui ont leurs racines semblables à celles des plantes terrestres, et dont les fibres s'insinuent dans le fond de la mer. Les longues feuilles de cette plante, s'élevent perpendiculairement, à peu près comme font celles de la Vallisneria et Vallisneroide de Micheli, qui croît dans les fossés. Si l'on suppose donc les plantes d'algue, contigues l'une à l'autre, comme elles se trouvent maintenant à Marzocco ; il est constant qu'elles devoient former **un** obstacle à la fange et au sable, apportés par les tempêtes, sans leur permettre de se décharger en totalité dans la haute mer, lorsqu'elle étoit devenue calme, ou seulement agitée par les vents de terre. Conséquemment les dépôts devoient se trouver plus profonds dans les endroits les plus éloignés de l'embouchure du port, par où les vagues entroient, et les plus proches des extrémités, suivant la réfraction des vagues et la direction des fossés. Quelque peu considérables qu'on suppose qu'aient été les progrès, faits chaque année par le port de Pise, pour réhausser et remplir son fond, il n'y a point lieu de douter que dans lespace de plusieurs siécles, il ne fût parvenu à se transformer en une vallée ; ce qu'il auroit fait effectivement de nos jours, si le grand duc Cosme I., en construisant le fossé navigable, n'avoit fait interrompre en même temps, la communication avec la mer, et empêché, par-là, que les grosses marées pussent s'y introduire.

Depuis plusieurs années , ce port est sous la direction du capitaine Giovanni Masini,

Masini, très-habile ingénieur , et c'est par ses soins que l'on a entrepris de pratiquer des fossés , à la maniere Hollandoise, et de combler les vuides , ou intervalles qui y sont restés , en y faisant déposer et séjourner le limon de l'Ugione et de la Cigna. Par ce moyen l'on détruira , avec le temps , jusqu'au moindre vestige de ce port , l'on acquerra un terrein très-propre à semer , et l'air de Livourne deviendra infiniment meilleur.

Je ne crois pas qu'il puisse rester maintenant aucun doute sur les causes qui ont contribué à combler le port de Pise. Je me contenterai d'observer , que si l'on ne prenoit pas le plus grand soin du port moderne de Livourne , et si l'on ne dépensoit pas des sommes considerables , à vuider continuellement le bassin avec des machines ingénieuses et à nettoyer le plus qu'il est possible le fond de ce port , cet bassin deviendroit en peu d'années absolument inutile , et ne seroit plus enfin qu'une grande place. Malgré tous ces soins et toutes ces précautions , les causes qui obstruent le bassin, sont si actives et si puissantes , qu'à la fin elles viendront à bout de le combler ; et alors il faudroit se servir du mole , pour faire un bassin et construire jusqu'au fanal , un nouveau mole , plus vaste que le premier.

NATURE DU PORT ACTUEL DE LIVOURNE.

LE port actuel de Livourne , à bien l'examiner , est cette étendue de mer , qui se trouve entre la terre ferme et les bancs de sable de la Meloria , qui commencent depuis la tour de la Meloria , et s'étendent vers le nord en forme d'arc , jusqu'à l'embouchure de l'Arno , à une distance de quatre , ou cinq milles de la terre. La hauteur de son fond éprouve des variations différentes.

J'ai vu trois cartes où ces différences de fond sont désignées. La premiere est imprimée dans la Description de la Méditerranée , par Guillaume - Bernard Pilotte , à Amsterdam, 1599, in-fólio, planche 3. Dans cette planche sont marqués les bancs de sable oblongs de la Meloria , ainsi que d'autres qui commencent à l'embouchure de l'Arno, et s'étendent au loin vers Livourne. Il y a encore, je crois, un autre banc de sable, ou marais , près de Torrace, et on y

indique aussi quelques profondeurs du port,
principalement aux embouchures ; mais elles
ne sont pas très-exactes. Il se trouve encore
quelques inexactitudes dans le plan du rivage , depuis l'embouchure de l'Arno , jusqu'à celle de l'Ardenza ; mais particulierement dans la forme que l'on donne à Livourne. On a oublié la vieille forteresse ,
qui cependant y existoit dans ce temps. La
partie de Livourne , qui se trouve au bras
du bassin , n'est pas réguliere , et les
vieilles tours en sont trop éloignées , c'est-
à-dire , qu'elles sont en face de l'embouchure du Stagno. La seconde carte que j'en
ai vue est faite à la main , et se conserve
dans le corps-de-garde de l'embouchure du
port. Enfin la troisiéme est faite aussi à la
main ; mais avec la plus grande exactitude.
C'est l'ouvrage du capitaine Antonio Ludo-
vico Gatassi. Presque tout ce golphe peut
servir de port sûr , à tout espece de bâtiment. Les plus petits peuvent entrer sans
aucun danger dans le mole, ainsi que dans
le bassin , et alors ils n'ont plus rien à
craindre. Ensuite, ceux qui sont plus considérables, que l'on appelle de haut bord,
peuvent rester à l'ancre, en sureté, dans la

rade ; même à deux ou trois milles du mole , où il se trouve un réceptacle très-commode , pour autant de vaisseaux qu'il peut s'en présenter. Cette rade est très favorable pour l'ancrage, parce qu'il se trouve dans le fond, du sable très-dur , et des cailloux entre lesquels l'ancre passe aisément , et dont on peut se retirer avec facilité. Les bourrasques qui se font sentir dans ce port, viennent du vent du midi , mais elles ne sont d'aucun danger , parce que l'ancrage est excellent ; d'ailleurs quand les ancres viendroient à se détacher du fond , ou les cables à se casser , les navires ne seroient nullement exposés ; parce qu'ils seroient portés vers Marzocco ou plutôt vers l'embouchure du port de Pise, et ensuite dans un vaste marais , formé de fange et de plantes d'algue , dont ils sortent quand le tems devient meilleur. Dans le *Portolano* du prêtre André de Rios , dont le manuscrit original se conserve dans la bibliothéque de Magliabechia, il est dit, Cl. 13, 55e cahier, page 60 , que Livourne se trouve à soixante milles de Portofino. Dans ce trajet, la plage n'est nullement interrompue , et s'appelle *Spiaza de Viorezo.* Dans le même lieu se trouve *Spiaza Sorzidore*, pour les galeres et les navires. Mais il s'y trouve aussi un bassin, où les galeres du grand duc de Toscane passent l'hiver, et où on les fait entrer par une embouchure étroite, l'une après l'autre, les rames retirées et appuiées aux arrêts, ou même sans rames. Elles y sont parfaitement en sureté. Ensuite on trouve à six lieues en mer, un banc de sable, appellé la Meloria. Il est gardé par la tour, où est le fanal, et exposé au nord et au midi. Les bourrasques viennent du midi et de l'ébeche. A trois milles en remontant, on trouve Montenegro, qui ne forme point de rempart, mais qui a une tour qui s'appelle Castiglioncello.

Au n°. 41 de la premiere partie de l'art de rendre les fleuves navigables, par le colonel Cornelio Meyer, on voit un beau plan de Livourne, tel qu'il étoit à la fin du siécle passé. Ce plan est dessiné par cet habile ingénieur lui-même, et gravé sur cuivre. Au n°. 43, il se trouve un projet pour conduire l'eau douce dans Livourne, par la fontaine de Saint Etienne, dont je parlerai ailleurs. Il y a encore un autre plan de Livourne et de son port ; mais il est plus moderne : il a été dessiné par M. Philippe Ciocchi , architecte de Florence , et gravé sur cuivre par M. Bernard Sgrilli en 1734. Il est de la grandeur du papier royal , et se vend à l'imprimerie du grand duc. Le révérend pere augustin Santelli , de l'ordre de Saint Augustin , fait espérer au public une description circonstanciée et complette, et en même temps une histoire du port de Pise et de Livourne , enrichie de cartes topographiques très-exactes et gravées sur cuivre ; ce qu'il est beaucoup plus à portée de faire que moi. J'espere que cet ouvrage suppléera à ce qui manque au mien.

DESCRIPTION DES RUINES DE TURRITA.

Si l'on s'en rapporte à l'autorité de Rutilius et à l'itinéraire maritime , il est certain que le port de Pise étoit contigu à Triturrita , ou Turrita ; que ces deux endroits étoient situés sur la plage , entre Vada et Pisa, à quelques milles de Pise.

Turrita, suivant la description qu'en donne Rutilius , étoit un lieu autrefois habité : les Romains y envoyoient un magistrat sous le nom de tribun , soit pour rendre la justice , pour présider à la garde et à la sûreté du port , soit pour lever les impôts. On n'envoyoit ces sortes de magistrats que dans des endroits de quelque importance et assez bien peuplés. Turrita étoit situé à côté du port , non à l'embouchure , mais dans un endroit retiré , de maniere qu'on ne pouvoit point la voir de la pleine mer , mais seulement quand on étoit entré dans le port. J'imagine qu'elle doit avoir été située sur le terrein qui forme à présent une campagne , et qui est compris dans le territoire dépendant de la ferme appellée *Palazotto* , qui appartient à MM. Bicchierai, et qui est placée entre Saint Etienne , la vieille route du port de Pise , et les marais appellés *la Paduletta*. Dans toute cette étendue et principalement dans deux champs qui sont sur le même plan que la Paduletta, on trouve une quantité infinie de ruines et d'ouvrages de la belle antiquité. Ce terrein même est fort stérile , parce qu'il n'est composé que de platras , et de débris d'ouvrages de terre cuite de verre, &c. Au mois de janvier de l'année 1743. Je trouvai ces champs semés de feves , et comme la terre la plus fine avoit été em-

Y iv

portée par les pluies , on découvroit parfaitement bien les brisures de tuiles , de
tuyaux , de poterie , et d'autres ouvrages
semblables, avec une infinité de morceaux
de travertin et de marbre des montagnes
de Pise. Je remarquai que les habitans s'é-
toient prudemment avisés de débarrasser
les champs des débris les plus gros de matiere cuite, et qu'ils les avoient portés sur la
hauteur le long d'une ruelle, où j'en choisis quelques-uns des moins endommagés. Ce
qu'il y a de plus remarquable , c'est qu'on
découvroit dans ces champs, les traces des
fondemens mêmes , qui avoient obligé les
paysans à lever leur charrue et à interrompre leur sillon. Ces ruines s'étendent jusqu'à
un certain espace , et traversent la vieille
route du port de Pise , sur laquelle on découvre les fondemens de très-grosses murailles , qui continuent jusques sur le premier égoût de la plaine de Livourne , qui
forme ici une langue exactement à l'endroit où cette route est coupée par celle
qui va de Pise à Livourne. Au-dessus de
cet égoût qui forme un champ ensemencé
appartenant à M. Lupi de Livourne , je
trouvai le 22 octobre 1742 , les deux ins-

criptions suivantes sur un marbre blanc.
La premiere est sur un gros morceau épais
de quatre doigts , surmonté d'une corniche ,
haut de cinq sixiémes de coudée , et large
de seize vingtiémes. Les caracteres en sont
bien distincts et bien formés : en voici la
forme :

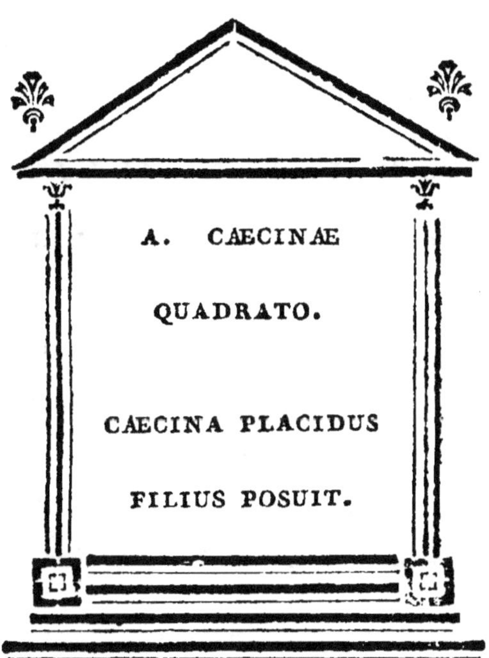

Il faut consulter, au sujet de la noble et
puissante famille Cacina de Voltera , le second volume des inscriptions de la Toscane,
expliquées et publiées par M. le Prévôt

Antonio Francesco Gori , savant très-distingué ; le Reinesio Epist. et Variar. Lection. et le trésor des inscriptions antiques de Muratori.

Sur un autre marbre épais de quatre doigts , haut d'une coudée , et large d'une coudée et demie , on lit l'inscription suivante dont les caracteres sont irréguliers, et vraisemblablement du temps de la décadence de l'empire Romain.

> PRIM. . . . I . . . SINIA . SEVERINA
>
> BONE FAME . FIDELIS QUE VIXIT
>
> A . LXVII . MESES . III . DIES V. POSUIT
>
> M . SUO. . . T . ERUM . FULVIUS . MACE
>
> R . PRIMUS FILIUS . PIENTISSIMUS MATRI
>
> ET PATRI . BENE . MERENTI . POSUIT.

Ces deux inscriptions trouvées à Livourne, se conservent maintenant avec d'autres, à Florence dans la galerie du palais de M. le chevalier Amerigo , fils de son excellence M. le prieur Gaetano Antinori , conseiller d'état et de régence , et secrétaire d'état au département de la guerre , de S. M. C.

Outre des inscriptions , j'y trouvai une infinité de débris de laitieres très - gros , dont un portoit encore un reste du cachet de celui qui les avoit fabriquées , comme c'étoit la coutume chez les anciens , et on pouvoit y distinguer un T. D'autres n'avoient pas de cachet, mais une marque ovale faite avec les deux doigts , quand la terre étoit encore molle. Il y avoit aussi un morceau de tuyau plat, large d'un tiers de coudée, des morceaux de briques plus grandes que celles dont on se sert à présent , et des os humains. Ces débris de l'antiquité firent naître en moi le desir d'en faire de plus grandes recherches. En conséquence étant revenu à Livourne , je racontai à différens amis, tout ce que j'avois remarqué, et j'engageai quelques gentilshommes de Livourne, qui ont part au gouvernement , à faire des excavations dans ces environs , afin de pouvoir orner le nouveau palais de la communauté , des inscriptions et autres antiquités qui pourroient s'y trouver. Ce qui seroit un grand embellissement pour leur ville. M. le docteur Giovanni Gentili, mon intime ami, a, depuis mon départ, renouvellé mes instances auprès d'eux , et s'étant joint à d'autres amis , il a entrepris de faire une excavation lui-même , uniquement pour seconder mes desirs. Cette excavation, quoiqu'elle n'ait pas parfaitement réussi à cause des pluies continuelles , a servi à faire voir que ce terrein renferme intérieurement des ruines superbes , et a augmenté en moi, le desir de voir tant de précieux restes de la belle antiquité dérobés à la terre , et pour ainsi dire rendus à la vie. Mais comme j'ignore si je pourrai jamais satisfaire ce desir , j'ai cru à propos d'indiquer ici les principaux antiques , qui se sont trouvés dans ces cantons , afin de faire naître dans les autres , la curiosité de s'instruire.

En creusant donc , et même à fleur de terre , on trouvera dans ces deux champs , outre les deux inscriptions rapportées plus haut , des fragmens de plusieurs autres , gravées sur des morceaux de marbre. Voici celles qui me sont parvenues.

EC	AT	OR		
1.	2.	3.	4.	D
VI	QUI	S		
	R			

Les carácteres des deux premiers sont d'une forme plus belle et plus antique, ceux des autres appartiennent à des siécles moins reculés.

2. Un fragment de marbre blanc ayant des corniches d'un bout goût. Je ne sais point s'il servoit à quelque inscription.

3. Des fragments d'un pavé en mosaïque composé de petits dés blancs, semblables à ceux dont on se sert communément pour jouer. Ces dés ne sont point de ciment, ni même de pâte de verre, mais d'un certain marbre blanc, qui peut venir des montagnes de Pise ; ils sont placés sur une couche de chaux mêlée de sable grossier et de poudre de brique.

4. Des éclats de marbre mince, d'Afrique, c'est-à-dire, de celui qui a des taches d'une couleur foncée, mêlée de couleur de plomb.

5. Des éclats de cette espèce de marbre, appellée *porta santa*, dont les taches sont couleur de rose.

6. Une petite pierre de marbre serpentin oriental, dont on se servoit, peut-être, pour faire quelque incrustation.

7. Des débris de ces ouvrages en terre cuite, que les anciens appelloient *Lateres*,

et que l'on jettoit en moules, tels que des faîtieres, des tuyaux, et des briques, portant tous le cachet de l'ouvrier qui les a fabriqués, comme je l'ai déja dit. Ces ouvrages sont de différentes grandeurs, particuliérement les briques, suivant la division des anciens en Didoron, Tetradoron et Pentadoron. Ils sont en outre composés de terres qui varient par la couleur, par le grain et le dégré de dureté. Ce qui prouve qu'on les apportoit par mer de différents endroits.

8. Un morceau d'un gros siphon de plomb, pour servir aux aqueducs, et un autre morceau plus petit, également de plomb.

9. Un pied de quelque vase ou trepied de bronze, qui a la forme d'une patte de harpie.

10. Un morceau d'une petite chaîne de cuivre, avec un crochet au bout.

11. Un cercle ou anneau de cuivre.

12. Une aiguille à cheveux, en cuivre, qui ressemble aux carrelets de selliers, et qui a un applatissement avec deux trous à la tête, pour y faire passer le fil.

13. Plusieurs clefs de cuivre, qui ont la forme des clefs de fer, dont on se sert aujourd'hui. Au sujet des clefs de cuivre, dont

se servoient les anciens, voyez *Jo. Rhodii Emend. et notae in Scribonium Largum,* pag. 51, et au sujet des différents instruments, que les anciens avoient coutume de faire en cuivre plutôt qu'en fer, voyez *Hieron. Magii Variar. Lection.* pag. 130.

14. Plusieurs débris de vases de verre et même de crystal, qui ressemblent à celui de Murano, dont les parois grossiers ont pris avec le temps, une patine qui les rend semblables à l'opale.

15. Une infinité de débris de ces vases en terre cuite, que les anciens appelloient *vasa et opera testacea,* et qui se font au tour; tels que des Anfore, des Diote et des Enofori, qui diffèrent entr'eux par leur grandeur, leur forme, et par la terre dont ils sont formés. Il y a aussi des gobelets et des écuelles d'une terre fine et bien travaillée, mais aucun verre.

RÉFLEXIONS SUR LE TEMPLE D'HERCULE LABRONE.

JE ne sçaurois comprendre pourquoi Rutilius ne fait aucune mention du fameux temple d'Hercule Labrone, qui devoit être

situé dans ces environs : il séjourna néanmoins, pendant plusieurs jours, à Turrita,
en attendant que le temps lui permît de
s'embarquer. Il prit même quelque connoissance de la campagne adjacente, dans les
bois de laquelle il se livra au plaisir de la
chasse. Il semble donc étonnant, qu'étant
de la religion payenne, il n'ait point remarqué ce temple si fameux , et ne nous en
ait point laissé la description, au lieu de
celle de ses chasses, qui ne sont d'aucun in-
térêt pour nous, et ne nous font rien connoître sinon, que la campagne de Livourne
étoit environnée de grands bois, comme
elle l'est de nos jours. Il ne semble point
permis de douter que ce temple d'Hercule,
si célébre, n'ait existé dans cet endroit, et
n'ait donné le nom à un golphe ou port
contigu, et même à un certain nombre
d'habitations que l'on avoit formées à l'entour. Cicéron écrit à son frere Quintus,
dans la lettre sixieme du livre second : « je
n'ai pas pu trouver Lucceius, parce qu'il
étoit sorti. Mais comme je voulois absolument le voir, parce que je devois quitter
Rome le lendemain, et qu'il devoit lui-
même partir pour la Sardaigne, j'y retournai

nai une seconde fois, et le priai instamment de nous faire jouir de votre présence, le plutôt possible. Il le promit aussi-tôt, et ajouta qu'il partiroit le troisiéme jour des ides d'avril, pour s'embarquer à Labrone ou à Pise ». La vraie signification de ces mots est, si je ne me trompe, que Luceius alloit par terre à Pise, par la route Aurelia afin de s'y embarquer pour la Sardaigne; ou à Labrone, selon qu'il trouveroit l'embarquement plus ou moins prompt. Ptolomée désigne dans la plage maritime de la Toscane, un lieu appellé Ηρακλευς ιεξον, c'est-à-dire, temple d'Hercule. L'autre lieu, qui, dans les versions latines de Ptolomée, est appellé Liburnus Portus, entre Populonia et Talamone, ne se trouve point dans le texte grec, et a sans doute été ajouté par les interprêtes ou par quelque commentateur. Le temple d'Hercule est effectivement placé par Ptolomée, entre le promontoire de la Lune et l'embouchure de l'Arno; mais la description qu'il en donne, est tellement remplie de fautes, et de fautes si grossieres, qu'elle ne peut nullement servir à donner une idée précise et sûre de la vraie situation des lieux. Cela vient probablement de ce que Ptolomée a pris ses renseignements de différents pilotes et voyageurs, dont les rapports contradictoires ont rendu sa description confuse et incertaine ; il est au reste , incontestable que ce temple d'Hercule étoit situé dans la plage qui se trouve entre Vada et Pise, et non dans celle qui est entre Pise et Luni. Dans l'Itinéraire, qui passe sous le nom d'Antonino Augusto, il est marqué à la route Aurelia,

Vadis Volterris. m. p. xxv.
Ad Herculem. m. p. xvii.
Pisæ. m. p. xiii.

selon l'édition d'Aldo 1518 ; mais selon celle de Godofr. Torino, chez Enr. Stefano 1512,

Vadis Volterris. 25. (22).
Ad Herculem. mpm. 18. (11).
Pisæ. mpm. 12,

et dans le recueil Gad. déja cité, maintenant Laurenziano royal,

Vadis Volterris. m. p. xxii.
Ad Herculem. m. p. xi.
Pisæ. m. p. xii.

L'anonyme Ravennate, marque encore Her-
culis dans la plage maritime de la Toscane. Quelqu'un s'imaginera, peut-être, que
ce temple d'Hercule pourroit bien avoir été,
non pas sur la mer, mais sous la terre ;
parce que dans l'Itinéraire, il est marqué
sur la route Aurelia. Mais j'espere être par
la suite, en état de démontrer qu'une branche
ou un détour de la route Aurelia ou Aemilia
Scauri, comme on voudra l'appeller, se
détachoit du pont de la Fine après Vada,
et conduisoit par les Parane à Livourne,
à Hercule, et delà, à Pise. Ensuite elle se
réunissoit à la route principale, qui, de
Vada, alloit par la vallée delle Fine, jusqu'à
Colle Salvetti, et delà à Pise. Faute de faire
cette observation, les intinéraires antiques
sont devenus très-embrouillés et paroissent
beaucoup plus défectueux qu'ils ne le sont
réellement. Ptolomée place certainement le
port d'Hercule sur la mer, et le Labrone de
Cicéron, qui semble être le temple d'Hercule Labrone, étoit situé près d'un port. De
plus je trouve encore un indice détermi-
nant, dans le nom de Calambrone, que
porte encore de nos jours l'embouchure
du fossé royal, mais qui ne se donnoit, il y

a deux siécles, qu'à l'embouchure du Stagno, qui est plus voisin de Livourne. Ce nom paroît évidemment venir de Calabrone, c'est-à-dire, petit dégré de Labrone ou Caolabrone, Cavolabrone, mot corrompu du latin *Caput Labronis*. Dans tout l'espace qui se trouve entre Pise et Cavocavallo, ce n'est que là, que le rivage forme un angle, qui puisse s'appeller Cap. D'ailleurs le nom de Livourne pourroit bien venir du mot Labro, si l'on peut en juger par d'autres noms propres de lieux, qui ont été corrompus d'une maniere encore plus étrange. J'oserois même penser que si Rutilius n'a pas fait mention du temple d'Hercule Labrone, c'est que de son temps il n'existoit déja plus, et qu'il avoit sûrement été détruit dans les guerres, ou avoit été employé à un autre usage; peut-être même étoit-il devenu une église chrétienne, d'autant que la vraie religion s'étoit déjà propagée, comme il résulte même de ce que dit Rutilius, des saints moines de la Gorrone et de la Capraia. Mais si le temple d'Hercule Labrone a été détruit, ou converti en un autre usage, toutefois le nom ne s'en est point encore perdu. Il est connu des mariniers, et ils s'eu servent très-communément. C'est ainsi que s'est conservé le nom d'un autre temple, dédié à Hercule Moneco, qui se trouve de nos jours, être Monaco de Riviere. On a retenu encore celui de Port'Ercole; car les anciens Toscans avoient beaucoup de respect pour cette fausse divinité, par laquelle ils désignoient la force humaine et le courage. Ils le reconnoissoient même en quelque sorte pour le protecteur de la navigation, et pour le Dieu tutélaire des fleuves, comme le prouvent les fables qui lui attribuent le changement du cours du Serchio, et l'entaille faite à la pierre de la Golfoline.

Voyage de Livourne a la Sambuca.

Mardi 23 octobre 1742, après dîner, j'allai à la Sambuca, accompagné de M. le docteur Giovanni Gentili. Après avoir traversé une plaine, qui est maintenant bien cultivée, mais qui n'étoit qu'un marais il y a cent ans, nous commençâmes à monter par la grande route, le long de laquelle passe l'aqueduc, appellé Limone, qui part d'une division de la montagne de Valle Benedetta, qui s'appelle la Pioggia, qui est située au levant de Livourne , et qui conduit les eaux à la ville. J'observerai ici que les eaux de Limone déposent du tartre dans leur canal, et l'on en voit des morceaux dans le Museum de Micheli. Nous laissâmes ensuite la route de Limone sur la droite, et prîmes celle de la Sambuca. Presqu'au point où se réunissent ces deux chemins, dans un champ de tuf, réduit en poudre, et mêlé de mattaion, au-dessous de la route, il y a à main droite, un trou ou une mare, formée par une source d'eau sulphureuse et froide, qui, à cause de la grande infection qu'elle produit, est appellée, dans Livourne, l'eau puante. Elle est froide, et sort, mais sans abondance, de plusieurs endroits du fond, et forme beaucoup d'ébullitions ; son infection est égale à celle des Bulicames et des mines de soufre. Mais si on la met dans une bouteille, et qu'on la garde quelque temps bien bouchée, elle perd presqu'entierement cette infection , sa superficie est couverte d'un certain tissu fin, de matiere blanchâtre et onctueuse, et tout le fond est aussi couvert de cette même matiere : J'en ai, depuis, trouvé dans toutes les eaux sulphureuses, soit chaudes, soit froides, que j'ai vues dans ce voyage. En remuant le fond de cette mare, le limon paroît noir comme de l'encre, et donne une très-mauvaise odeur. Il contient beaucoup de plantes aquatiques, qui y viennent très-bien, et il s'y trouve aussi des grenouilles. Le reste de ses eaux se réunit au ruisseau Ugione, qui passe tout à côté. Cette eau n'a point de goût, mais seulement une odeur telle que celle des œufs durs ; elle seroit bonne pour les maladies de peau, comme toutes les eaux semblables. Néanmoins, comme naturellement elle n'a aucun dégré sensible de chaleur, on ne pourroit s'en servir pour les bains, que dans l'été.

OBSERVATIONS FAITES A LA SAMBUCA.

MERCREDI 24 octobre, au matin, nous fîmes un tour dans les environs de cette vallée, et d'abord nous observâmes, à la distance d'environ cent coudées du couvent, une source d'eau excellente. A quelque distance de cette fontaine, le long de la route, on trouve de petits morceaux de mine de fer, qui se réduit en petites lames ou écailles, et qui semble être la même que celle que l'on pile dans l'Elbe pour en faire de la poudre noire à mettre sur l'écriture. Il y en a aussi, qui se réduit en petits filamens courts, semblables à une certaine mine d'antimoine, que je conserve dans mon Museum : il s'y trouve aussi des écumes de fer, dont on voit une grande quantité placée en maniere d'ornement, sur une fontaine construite à côté du couvent, aux frais du chanoine Bani. Ces éclats de mine semblent indiquer qu'il y a eu autrefois dans cet endroit, des fourneaux pour faire fondre le fer. On m'a assuré qu'il s'est trouvé quelques veines de fer sur la hauteur, c'est-à-dire, au levant du couvent, à l'endroit où commence le ruisseau Ugione, qui passe au milieu de cette vallée en cotoyant le couvent, et qui va se rendre dans l'ancien lit du port de Pise, en entrant par le fossé navigable.

OBSERVATIONS SUR LA PIERRE APPELLÉE GABBRO, SUR LE TALC, LA SERPENTINE, L'AMIANTHE ET LA GALATTITE.

PAR le mot de Gabbro on entend communément en Toscane, une certaine espece

de pierre dont la couleur ordinairement
tient le milieu entre le vert et le noir, et qui
est aussi dure que le marbre , mais d'une
substance qui ressemble à celle du verre.
C'est vraisemblablement cette pierre qui a
été indiquée par le célébre M. Linné sous
la huitiéme espece : *Talcum particulis obs-
curis, indiscretis , ponderosis,* et qui peut-
être appartient à la septieme espece , car
ces distributions méthodiques ne sont jamais biens sûres. C'est d'ailleurs le schisto
de l'Aldovrando Mus. Metall. p. 656, dont
il parle en ces termes : *schistus in Monte
Acuto prope Anglarium , cujus montis Ca-
cumen ex hoc lapide constare perhibetur.*
Il y a en Toscane un grand nombre de
montagnes composées de cette pierre. Le
nom même de Gabbro est si connu, qu'on
l'a donné à plusieurs châteaux et villages,
construits et formés sur les côtes de ces
mêmes montagnes , comme, par exemple ,
Gabbro , la Gabbra, le Gabbreto , &c. Les
côtes de ces montagnes sont ordinairement
escarpées et couvertes de bois épais. Il est
remarquable que les yeuses y réussissent
mieux que dans aucune autre sorte de
terrein. En outre les montagnes de Gabbro

ont coutume d'être contigues à d'autres composées d'alberese ou de pierre à chaux. On trouve souvent dans une même montagne, ces deux sortes de pierres, mais cependant dans des côtes séparées. On trouve encore en grande quantité deux autres especes de fossiles mêlés avec le Gabbro, savoir du talc et de l'amiante avec de la galattite ou plâtre à cordages.

Le talc, comme on sait, est une sorte de pierre qui se fend en lames, ou feuilles très-minces et flexibles. L'illustre M. de Buffon dit : il me paroît que le talc est un terme moyen entre le verre, ou le caillou transparent et l'argille. Et il ajoute ailleurs: l'eau en coulant par les fentes perpendiculaires, et en pénétrant les couches de ces sables vitrifiables, de ces grès, de ces argilles, de ces ardoises, se charge des parties les plus fines et les plus homogenes de ces matieres, et elle en forme plusieurs concrétions différentes, telles que les talcs, les amiantes, et plusieurs autres matieres, qui ne sont que des productions de ces stillations des matieres vitrifiables.

Qu'il me soit permis de dire, que la remarque de M. de Buffon au sujet du talc et de l'amiante , n'est pas généralement vraie. Car non-seulement dans les montagnes de Gabbro, mais même dans celle de Casciano au Val de Greve , où en 1733 , j'eus l'avantage de faire différentes observations ; l'amiante et le talc sont absolument des pétrifications primitives et originaires , et non parasites et secondaires ; quoique Valerio Cordo ait écrit : *talcum , hoc est amyanthus crustaceus.* Comme le talc qui se trouve entre le Gabbro diffère de celui de Moscovie et de Venise , et qu'il n'est que très-peu transparent , il ne se fend point en lames si minces , mais il se divise en petites masses de différentes grandeurs , qui approchent du parallelipipede. J'ai cru même reconnoître que leur figure ressembloit à celle des lentilles et de certaines crystallisations que j'ai décrites ailleurs. Ces petites masses sont d'une couleur très-variée ; elles passent par tous les différens dégrés du vert et du blanc au noir. Elles sont naturellement enfoncées dans la pierre ; mais il s'en trouve aussi qui sont détachées et libres. Cela vient de ce que la pâte dans laquelle elles se trouvoient renfermées , n'a jamais acquis la dureté de la pierre , ou qu'elle l'a perdue dans le cours de plusieurs siécles. Cette pâte aura été pulvérisée par l'action des météores et emportée par le courant des eaux; et alors les petites masses de talc sont restées à découvert, parce qu'elles auront mieux résisté à la puissance active des météores. La différence de forme et de grandeur dans ces grouppes de talc, jointe à la différence de couleur dans la pâte pierreuse du Gabbro, dans laquelle ils se trouvent plongés, forme une si grande diversité de pierres semblables aux granits, que je ne finirois point si j'entreprenois de les décrire l'une après l'autre.

Celles que l'on emploie communément pour orner les édifices, sont le noir de pré d'une couleur plus ou moins chargée, qui n'est autre chose que du Gabbro avec de très-petites masses de talc noirâtre. Il n'est pas susceptible d'un grand poli, parce qu'il est formé d'une pâte un peu grossiere, et que le talc s'en détache en plusieurs endroits. Il a été décrit par le pere Augustin del Riccio, au chapitre 70 de son Traité manuscrit des pierres, sous le nom de marbre noir de Prato. Le marbre noir de Prato, dit-il, n'est pas très dur, quoiqu'il puisse cependant devenir poli et même luisant. On s'en sert dans les sépultures, et l'on peut en voir dans presque toutes les églises de Florence, principalement sur les façades , telles que celles de Ste. Marie Nouvelle, celle de S. Crosse qui n'est que commencée , sans parler de Ste. Marie del Fiore. On en a employé une grande quantité à Florence , mais particulierement dans l'église métropolitaine, c'est-à-dire, Ste. Marie del Fiore. On l'a tiré de Monte-Ferrato , près de Prato. Dans les registres des ouvriers de cette église, on trouve qu'en 1365, les ouvriers firent une convention avec la puissante famille des Guazza-Iotri de Prato , pour tirer des marbres noirs de Monte-Ferrato. En 1368, ils prirent cette carriere à bail. On trouve encore d'autres baux passés en 1388, 1399 et 1400. Ce marbre a servi à former les contours et les arabesques de presque tous les sépulcres en pierres des quatorzieme et quinzieme siécles, qui se voyent dans les anciennes églises de Florence.

La seconde espece est le vert ou la serpentine, qui se tire du même Mont-Serrat. Il n'est point différent de l'autre en nature, mais seulement en couleur : il est plus clair et plus vert de différens degrés , et renferme une plus grande quantité de talc. Le pere Augustin del Riccio en a fait la description au chapitre 69. Cette sorte de serpentine , dit-il , est susceptible d'un grand lustre. On en tire des blocs considérables , mais il faut le placer dans des lieux où il ne soit point exposé aux injures de l'eau. On fait souvent avec ce marbre des boules que l'on peut voir au sommet des escaliers de beaucoup de maisons dans Florence. On en fait aussi beaucoup de petites colonnes et de tables entieres. Ses couleurs sont d'un verd qui n'est point trop vif , mais le fond de la pierre est d'un vert sombre. On trouve différentes sortes de serpentine dans les montagnes de Prato et dans les fossés ; mais on n'en fait point autant de cas qu'on devroit en faire , parce que nous en avons en abondance dans nos pays. On en voit beaucoup dans l'église des Sts. Apôtres , et dans celle de S. Sauveur à Florence , dans la chapelle de S. Miniato al Monte , sur la façade de l'Abbaye Fiesole , &c. Il y en a qui ne résiste pas bien à l'air , et même qui se gâte et se pulvérise , parce qu'il contient quelque mélange de terre et de sel , et que le talc qu'il renferme est moins dur que le reste de la pierre. On en peut voir une preuve dans l'inscrustation de l'église de Saint Giovanni à Florence. Il y a encore une sorte de marbre vert dans le Mont-Ferrat, et dans le Mont Corbulon. Il ressemble beaucoup à la serpentine tendre de Saxe , dont on fait au tour de jolis petits vases bien finis , qui vont même au feu. C'est à cette espece qu'appartient *Ollaris seu Lebetum lapis*, ou pierre à Lavezzi, pierre de Como et de Grigioni, dont on fait aussi au tour des marmites et des chauderons, pour faire cuire la viande. Cependant dans la pierre de Como , il y a un plus grand mélange de fibres déliées et de lames d'amiante , qui en enveloppent la pâte. Cette pierre de Como , a été décrite par l'Aldovrando Mus. Metall. p. 552 et 715 , mais d'une maniere encore plus intéressante par Giovan Giacomo Scheuchero, *Iter Alpinum secundum* a. 1703 , pag. 103, *et iter* 6. a. 1707 , pag. 445. Parmi nos Gabbri , j'ai trouvé des morceaux dont on pourroit faire pareillement de petits vases bien tournés , si nous n'avions pas suffisamment de terres cuites , et si nous n'avions rien autre chose , pour faire ces belles urnes , qui ne servent qu'à l'ornement.

La troisieme espece est le granit de l'impruneta. Le talc qui est incorporé tient plus
de la nature du marbre, et en consequence
ne se détache pas si aisément. Il approche
de la couleur blanche et cendrée, de même
que le fond. On en trouve de plusieurs sortes, qui varient suivant la grandeur, la
dureté et la couleur du talc. Il porte aussi
quelques veines de marbre, qui lui donnent
plus de prix. Le pere Augustin del Riccio,
en fait la description dans son Traité manuscrit des pierres, pag. 72. Voici ses paroles : au-dessus de Grassina, dans les montagnes de la Madonna de l'Impruneta, on
trouve une carriere d'une sorte de granit,
qui est superbe. C'est une pierre dure à qui
l'on peut donner du poli et même du lustre,
mais non sans peine. On en tire des blocs
assez considérables comme on peut voir dans
les niches des Sts. Apôtres de la Cathédrale
de Florence. On en voit encore d'autres
morceaux dans la chaire de la même église.
Ses couleurs sont variées, mais toujours
vertes et plus ou moins vives. Presque
toute la surface de cette pierre est couverte
de veines et de nuages blanchâtres, on y
appcrçoit

apperçoit aussi quelques grains d'argent. Quelques personnes assurent que ce bénitier, en maniere de vase antique , qui est près de la porte de la sacristie de Ste. Marie nouvelle, sur un terme de marbre blanc, est fait de granit de l'impruneta : d'autres préten- dent qu'il est fait de granit étranger , c'est- à-dire , oriental.

La quatrieme espece est un certain granit plus grossier, composé d'une pâte plus dure, qui tient un peu de la nature du marbre. Il contient une quantité infinie de masses de talc , plus grosses que celles qui se trouvent dans les pierres dont nous avons déja parlé ; mais elles se détachent quand on les tra- vaille , et empêchent qu'on ne puisse les polir. Il s'y trouve encore une autre diffé- rence , qui provient de la grandeur et de la couleur du talc et de la pâte imitant le marbre. Il y avoit autrefois une colonne an- tique de cette sorte de granit, au vestibule de la maison de l'illustre Prévôt-Antoine-Fran- çois Gori, qui s'est fait tant d'honneur dans le monde littéraire, par ses recherches et son ardeur infatigable. J'en conserve aussi plu- sieurs morceaux dans mon Museum. La pierre à meules est de la même sorte. On en peut

voir une carriere très-grande , qui est ouverte à Figline di Prato , et d'où l'on tire
les meules si renommées , que l'on emploie
dans le territoire de Florence. Le pere Augustin del Riccio dit à ce sujet , pag. 68 :
La carriere immense du granit de Prato ,
qui se trouve à l'endroit appellé *feghine* ,
est très-célébre et très-utile , parce qu'on en
a tiré et qu'on en tirera encore une infinité
de meules, qui servent aux moulins à grain.
Ce granit est une pierre dure et de couleur
blanchâtre. Il renferme de certains petits
grains , qui sont comme de l'argent. On
peut en tirer de grands blocs. Si les gentilshommes de Livourne n'avoient pas la commodité de la mer, pour faire apporter des pays
étrangers des marbres superbes , on pourroit
en trouver de toutes ces especes dans les
montagnes de la Sambuca , et dans *Monte
Nero* , du côté de *Castiglioncello*. Dans la
diversité de ces granits de *Gabbro ou Schisto*
de la quatriéme espece , on en trouve (si
on les observe dans la montagne qui les
forme) qui sont d'une pâte peu ferme, et
qui ne lie les amas de talc que foible-
ment , soit parce que originairement elle
n'étoit point forte , soit parce qu'à la longue

elle n'a pu résister aux injures de l'air
et s'est décomposée. Dans ce cas, les eaux
de pluie en emportant les petites particules
pierreuses réduites en terre, ont laissé les
petites masses de talc tout-à-fait isolées. Ces
masses se sont ensuite détachées en feuilles
minces ou lames paralleles, qui se sont brisées et sont devenues semblables à du son ,
sans néanmoins perdre leur couleur. Cette
poudre de talc de couleur blanche ou argentine, est l'*argentum felium Aldrov. Mus.
Metall.* pag. 38, dont on se sert dans quelques endroits, comme de poudre pour l'écriture ; il en est de même de la poudre de talc
de couleur d'or , qui paroît n'être autre
chose que la Crisocolla que Pline a désignée
par ces mots : *Visumque jam est , Neronis
Principis spectaculis , Arena Circi Chriso-
colla sterni, cum ipse concolori panno auri-
gaturus esset.*

La cinquiéme espece de Gabbro , est la
serpentine qui ne doit effectivement pas
porter d'autre nom : elle a un dégré de dureté encore plus grand que le marbre, et differe en cela de la serpentine antique d'Egypte.
Je n'ai jamais vu cette pierre employée
dans aucun endroit, mais je crois qu'elle

feroit un grand ornement , et qu'elle seroit susceptible du poli le plus parfait. Le fond en est de couleur ou cendrée , ou plombée, ou noirâtre, tout parsemé de taches blanches et rectangulaires, de la même forme et grandeur que celles de la serpentine antique. On y voit souvent de petites lignes noires semées çà et là, qui sont, je crois, formées par les sections des petites masses lenticulaires de talc noir, comme les taches blanches sont formées par le talc blanc imitant le marbre. Il y a une variété infinie de serpentines antiques, qui sont caractérisées par la différence de la couleur du fond , de la grandeur, de la dureté et de la couleur des taches. Outre les especes les plus communes que je conserve dans mon cabinet, j'en posséde encore des morceaux d'une espece particuliere, dont le fond est rouge avec des taches jaunes, d'autres d'un fond vert, avec des taches pareillement vertes , mais d'une couleur plus foncée.

L'autre fossile qui se trouve mêlé en grande quantité avec le gabbro , est l'amiante avec le galattite. J'oserois même avancer que ces fossiles sont le principal ingrédient du gabbro. Ils sont tous deux si bien connus des Naturalistes, que je ne m'ar-

rêterai point à les décrire. Je me contenterai
de faire ici mention d'une belle découverte
faite par l'immortel Micheli , et reconnue
depuis exacte et vraie , d'après différentes
expériences faites et réitérées avec soin par le
pere dom Claudio Fromond , et par moi-
même. Il a cru que l'amiante et le galattite
n'étoient qu'une seule et même chose , et
qu'ils ne différoient entr'eux , que parce que
le galattite étoit une amiante revêtue , et
pour ainsi dire , imprégnée d'une certaine
pâte de talc délicate , friable , et qui paroît
molle et onctueuse au toucher. A l'égard de
ces différentes especes de Galattite , voyez
Aldrovandi Mus. Metall. p. 666. On peut
lire encore touchant la nature de l'amiante ,
du talc et du galattite , ce qu'en a sçavamment écrit M. le docteur Giuseppe Baldassari,
au tome second des observations de l'Académie des Sciences de Sienne , p. 36.

Fabrique des coraux.

Nous ne fumes pas plutôt arrivés à Livourne , que nous allâmes voir la grande fabrique des coraux rouges , tenue par M.
Franco , et ensuite celle de MM. Attias ,

négociants Juifs. Le bâtiment de la manu-
facture est fort beau. Le travail principal
consiste à fabriquer des boules de toutes
grosseurs , dont on fait un commerce considérable dans les Indes. C'est une chose tout-
à-fait surprenante que de voir avec quelle
précision , ils distinguent et choisissent les
différents dégrés de couleur qui font la seule
différence des prix. On croiroit que la couleur rouge du corail est à peine susceptible
de trois dégrés différents ; et cependant on
m'en a fait distinguer quatorze , dont voici
les noms dans l'ordre successif de leur beauté
et de leur perfection : 1°. écume de sang ;
2°. fleur de sang ; 3°. premier sang ; 4°. second sang; 5°. troisiéme sang ; 6°. entremor ;
7°. more ; 8°. noir ; 9°. entrefin ; 10°. super-
fin ; 11°. charbon ; 12°. paragone ; 13°.
extrême ; 14°. passextrême.

JE demande excuse au lecteur d'avoir osé
appeller plantes marines ces productions ,
que , si je voulois me conformer à la mode
régnante , je devrois appeller nids , ou cases
d'animaux marins. Je confesse mon obsti-

nation : je ne me sens encore ni convaincu, ni contraint par la force de la raison, ou de l'évidence à changer de sentiment. Je crois bien que les animaux peuvent former des amas semblables aux plantes marines : mais que ces plantes marines aient été produites par les animaux mêmes , voilà ce que je ne saurois me résoudre à croire. Micheli a cru appercevoir des fleurs et de la graine dans les plantes marines , et moi je les ai trouvées telles qu'il les a caractérisées. Elles sont en général soumises à la différence des sexes. On trouve dans chaque espece le mâle , qui porte les fleurs, et la femelle , qui porte les fruits. Il y en a quelques-unes qui ont la fleur et le fruit réunis, quoique séparément , sur le même individu. Mais je ne saurois dire s'il s'en trouve qui aient la fleur et le fruit ensemble. En conséquence et conformément au systême de M. Linné, qui est devenu si à la mode, elles devroient se diviser en monecie et diecie.

C'est une chose vraiment admirable, que le mécanisme dont s'est servi la nature , pour procurer la dispersion des graines séminales des plantes terrestres, par le moyen des vents, à l'aide des barbes , pointes , &c. Ce mé-

canisme se seroit cependant trouvé insuffi-
sant dans les plantes marines , parce que
la matiere ambiante , c'est-à-dire , l'eau qui
les environne , n'auroit jamais laissé sécher les pointes de leurs barbes. La nature
a donc employé un autre méchanisme encore plus admirable. Au lieu de donner des
barbes à ces plantes, elle a enduit leur pou-
dres éminale et les graines elles-mêmes d'une
substance visqueuse semblable à celle des
graines de l'herbe aux puces , du basilic ,
du caprier , du coing , &c. Cette substance
dont le volume s'augmente par le moyen de
l'air élastique, fait devenir sa propre masse
et celle du petit globe séminal d'une gravité
spécifique à peu près égale à celle de l'eau de
la mer. L'eau ensuite mise en mouvement
par l'action des marées , ou agitée par la
violence des tempêtes , transporte et laisse
de côtés et d'autres ces petites masses séminales , qui à l'aide de la matiere visqueuse
dont elles sont enduites , s'attachent aux
premiers corps solides qu'il leur arrive de
toucher. Si ce sont des graines, elles y ger-
ment, et produisent une plante semblable à
celle qui les a fait naître ; si ce sont de petits globes , ou réceptacles de la poudre, ou,

pour mieux dire, du suc séminal; alors, elles servent à féconder les œufs, ou graines. Les réceptacles des graines et du suc séminal ne se trouvent pas en tout temps dans les plantes marines. Quelques-unes les ont seulement dans le printemps , d'autres dans l'automne. Les unes les ont à l'extrémité des branches , les autres aux divisions de ces mêmes branches ; d'autres enfin , dans un certain temps, se couvrent d'une croute toute remplie de petites cellules , ou réceptacles de fleurs et de graines , et qui tombe d'elle même , quand la mutation a eu lieu et que la dispersion des graines s'est faite.

J'ai été enchanté dernierement de trouver dans un extrait de l'histoire des plantes du célébre M. Gio Hill, un passage qui justifie et confirme mon opinion , et de voir que cet homme savant , ne croit pas que les plantes marines soient produites par des insectes , *ut aliquando , prout in terrestres plantas, ita in marinas insecta se inserere posse concedat; in universum autem de omnibus marinis plantis illud valere neget.*

Eaux de Livourne.

L'eau des puits de Livourne, n'est pas si mauvaise que celle de ceux de Pise. Dans quelques-uns, elle est quelquefois salée, et s'éleve et s'abbaisse comme font les marées. Ce phénomene est produit par la même cause qui produit aussi celui des eaux de Caldaccoli, mais nullement par la filtration des eaux de la mer, comme l'a prétendu le grand *Bacon de Verulamio*.

Christophe Merret, dans l'ouvrage intitulé : *Pinax Rerum Naturalium Britanniæ, page* 222, parle de différentes fontaines et puits de l'Angleterre, dont les eaux s'élevent et s'abbaissent, et répondent au flux et reflux de la mer. Et Claudio Berigardi a fait la remarque suivante : *Circuli Pisani parte 5, pag. 546 : in Puteo Gennensi cujus aqua dulcis intumescente Mari simul intumescit ut propterea de Puteo illo Gennensi, dubium sit an potius aquâ Marina salsa exuberans, putealem impellat, atque cogat.*

Dans les transactions philosophiques de la société royale de Londres, an. 1667,

n. 29, et 1668, n. 36, on trouve des exemples de pareils phénomenes, observés dans
les plages des Bermudes et de la Jamaïque.
J'ai lu depuis des observations très-sages et
très-judicieuses du Sergent major *Pietro
Guerrini*, au grand duc Cosme III, au sujet
de l'entreprise proposée par maître *Francesco Tizzoni*. Il explique et démontre parfaitement bien les causes qui empêchent les
eaux des puits de Livourne, d'être bonnes
à boire : il indique la maniere de les y conduire sans qu'elles perdent de leur bonté,
et avec tant d'aisance, qu'on sera désormais
exempt de la crainte qu'elles manquent jamais.

Météores de Livourne.

MAINTENANT pour parler des Météores,
Livourne, à raison de sa position, est fort
sujet aux vents de mer, qui sont très-impé-
tueux, et changent souvent leur direction ;
mais néanmoins ils forment rarement des
ouragans. Le vent du sud-est et celui du
midi, qui y excitent des bourrasques, élevent l'eau de la mer par leur violence,
et la force à couvrir un plus grand espace

de terre. Ce gonflement commence un peu avant que ces vents ne soufflent dans Livourne, et surtout *le Lebeche* qui produit la tempête. De maniere que ceux qui sont expérimentés, peuvent prédire, quand et combien de tems il doit souffler. Cette élévation de l'eau, s'appelle *empifondo*, tout simplement pour la distinguer de l'élévation réguliere et périodique du flux de la mer, qui s'appelle *empifondo* de la lune. On appelle *spolverino*, un brouillard très-humide, formé par de petites gouttes d'eau presque imperceptibles, qui ont été enlevées par l'impétuosité du *lebeche* ou de la tempête, et qui sont restées suspendues en l'air, ou ont été jettées au loin. C'est ce *spolverino* qui, quand il demeure longtemps sur les murailles, en décompose le crépi par son sel, détruit les peintures et fait rouiller le fer et le cuivre. Cet inconvénient se manifeste, non-seulement sur les bords de la mer Tyrrenniene, mais encore sur tous les autres; parce que le *spolverino* salé des vents de la mer, produit des effets constamment semblables de quelque point de la boussole qu'ils soufflent. *Voyez M. Colonne*, Histoire Naturelle de l'Univers, *tome 3, page 70;*

(381)

*Jo. Bapo. Lancisii de Nativis atque adven-
tiliis Romani Cœli qualitatibus pag.* 21; *P.
Niccolò Ghezzi,* sur l'Origine des Fontaines,
pages 181 et 184; *Giovanni Pringle,* Observations sur les Maladies des Troupes, part.
3, chap. 4, §. 4, pag. 143; Transactions
philosophiques, a. 1667, n. 27, art. 6, d.
23 sept. Ce *spolverino* ronge encore comme
l'erpete, les rameaux tendres des arbres, et
dépose sur les feuilles et sur les fruits, une
fleur légere de sel dont ils s'impregnent, et
qui les empêche de s'étendre du côté de la
mer, autant qu'ils le feroient. Quand le
souffle impétueux du *lebeche* se fait sentir,
les voyageurs qui vont à Livourne par mer,
sont en danger de se perdre, parce que deux
heures avant le coucher du soleil, le *spolverino* produit une telle obscurité, qu'on ne
peut voir ni les montagnes ni le fanal. Alors
il est à propos de s'arrêter à la Corsica; et
en partant le lendemain à l'aube du jour,
on est sûr d'entrer à pleines voiles dans Livourne, vers le midi.

Ces mêmes vents produisent un autre phénomene encore plus étonnant : ils chassent
les nuages avec une force et une rapidité
si prodigieuse, qu'ils ne peuvent point se

fondre en eaux, et vont se déposer sur le sommet des montagnes de Pise et de Florence. C'est ce qui fait qu'il pleut beaucoup moins à Livourne qu'à Pise, malgré le peu de distance qui sépare ces deux villes.

MOUVEMENTS DE LA MER DE LIVOURNE.

LA mer de Pise, outre les deux mouvements de flux et reflux, en a encore un troisieme, que l'on appelle mouvement de rivage, par le moyen duquel ses eaux se portent de *Piombino à Luni*. Quoique ce mouvement ne soit point généralement très-considérable, il l'est cependant assez pour devenir sensible. Il semble même qu'il corresponde au mouvement du flux et du reflux, et qu'il supplée en quelque sorte à son absence, toutefois avec de certaines limites, car il ne s'étend que très-peu loin de la plage, c'est-à-dire, à la distance d'environ trois milles, suivant les observations de Montanari.

M. Ugolino Martilli, dans son traité du flux et reflux de la mer, dédié au grand duc Cosme I, qui n'étoit alors que duc de Florence, et dont le manuscrit se conserve

dans la bibliothéque publique de Magliabechia, fait la remarque suivante : » en fai-
» sant bien attention , on apperçoit à Li-
» vourne le flux et reflux , qui éleve l'eau
» de six heures en six heures jusqu'à la hau-
» teur d'une demi-coudée , et conformé-
» ment aux régles qu'il observe dans la
» mer de Venise. » On l'apperçoit encore
parfaitement bien à l'embouchure du *Calambrone et de sinme morto*. Il est même
sensible dans le fossé des navires jusqu'à la
grande cataracte de S. Pierre *in Grado* , et
facilite infiniment le mouvement des vaisseaux trop chargés , qui souvent sont obligés de rester pour atteindre l'*empifondo* , ou
l'eau pleine de la lune, nom que l'on donne
à ce flux. Il faut remarquer ici , qu'il s'est
trouvé des gens qui ont cru que la Méditerranée n'avoit point de flux et reflux ,
comme les autres mers. L'expérience néanmoins prouve évidemment le contraire.
Voyez à ce sujet les Observations d'un Mis-
sionnaire de la Compagnie de Jesus sur le
flux et reflux de Biserta : Voyages en Tur-
quie , en Perse , &c. pag. 632. Mais sur-
tout il faut lire les observations judicieuses
et exactes, que le célébre Docteur Giovanni

Bianchi, premier Médecin de Rimini, a faites sur cette plage de Rimini , et qu'il a publiées dans son excellent livre ; *De Aestu Maris ad littus Portumque Arimini.*

POISSONS LES PLUS REMARQUABLES DE LA MER TYRRÉNIENNE.

CE seroit un ouvrage sans fin que d'entreprendre de décrire les especes innombrables de poissons et d'animaux esanguins, que l'on pêche dans la mer Tyrrénienne. Cette seule occupation pourroit employer plusieurs personnes à la fois. La mer de Livourne contient un grand nombre de poissons qui résident en tout temps ; mais il y en a encore un nombre beaucoup plus considérable , qui ne s'y rendent que dans de certains temps , et principalement lorsqu'ils passent pour aller déposer leurs œufs dans d'autres mers , ou dans des eaux douces , comme dans le fossé royal , dans le fleuve mort , et dans l'Arno. Les pêcheurs savent précisément le temps où ces poissons vont et quand ils viennent ; ils connoissent aussi parfaitement les lieux par où ils passent , en conséquence , ils en font des pêches très-abondantes.

abondantes. Enfin quelques especes de poissons se laissent aussi voir , mais très-rarement dans notre mer, et ils sont de la famille
des Cétacés. Cela n'arrive néanmoins que
quand ils sont forcés de sortir des vallons
profonds, qu'ils ont coutume d'habiter, et
qu'ils s'approchent de la surface de l'eau
pour se mettre à l'abri de quelque bourras-
que furieuse , ou pour se soustraire à la
poursuite de quelque poisson encore plus
gros, ou enfin pour quelqu'autre motif, que
nous ne connoissons pas. Si par malheur la
terre se trouve tout près , ils sont sur le
champ à sec, sans pouvoir s'aider en aucune maniere de leurs longs muscles , qui
vraisemblablement, sont très-affoiblis par
la trop grande diminution de la pression de
l'eau.

Souvent ces animaux horribles, se sont
trouvés ensablés sur la plage de la mer Tyr-
réniene , et les Ecrivains n'ont pas dédaigné d'en faire mention. Paul *Diacono* rapporte que du temps de S. Grégoire le Grand,
un de ces animaux fut porté jusques dans
Rome par le Tibre , dont les eaux étoient
extraordinairement gouflées. Raphaël Vol-
terrano, raconte qu'en 1498 , on trouva sur

la plage de *Vada*, une baleine, ou poisson cétacée d'une autre espece. Il étoit long de cent pieds, et avoit soixante vertebres à l'épine du dos, sept de ces vertebres furent portées à Volterra, et chacune d'elles ressembloit pour la forme et pour la grosseur à celle d'un cheval. Un autre poisson tout semblable périt sur la plage de *Corneto*, vers le milieu du seizieme siécle. « En 1525, la mer jetta sur le rivage de Livourne un poisson mort, long d'environ quarante coudées : Un des Consuls de la mer s'y transporta pour le voir, mais comme il puoit déja, il ne put l'observer assez long-temps, &c. » C'est une remarque que fait *Giovanni del Nero Cambi Opportuni*, dans un Journal de Florence au Recueil 50 de la classe 25e des manuscrits de la bibliothéque publique de Magliabechia. On voit dans le vestibule du jardin des plantes de Pise, les vertebres d'un grand fisetere appellé communément *Capidoglio*, qui peut bien être le même que celui dont *Guglielmo Rondelezio* fait mention. Vers le milieu du mois de juillet 1549, la mer fut tellement agitée, qu'il y eut plusieurs vaisseaux submergés. On trouva ensuite sur le rivage un poisson monstrueux dont on tira une quantité d'huile prodigieuse. On en transporta les os jusqu'à *Signa* sur des navires, et de là jusqu'à Florence sur des voitures faites exprès. Les os furent ensuite réunis et liés ensemble comme si l'animal eût été vivant, mais il fut impossible de les conserver, à cause de l'odeur infecte qu'ils rendoient. Ce poisson étoit d'une grandeur énorme, son corps étoit long de 24 coudées et haut de dix. Le col avec la tête de dix coudées. La queue longue de seize coudées et large de huit. L'ouverture de sa bouche étoit large de six coudées. « Cette note est d'un anonyme Florentin, qui a compilé les événements de la Toscane, depuis 1536, jusqu'en 1556. » Cet ouvrage qui n'est que manuscrit, se conserve dans plusieurs bibliothèques de Florence, et passe communément sous le nom de Journal de *Marucelli*; *Girolamo Cardano*, rapporte aussi qu'en 1554, une tête monstrueuse de baleine, ou poisson cétacée d'une autre espece, fut jettée par la mer sur la plage de Genes.

Au mois de février 1624, une baleine longue de 91 palmes et large de 50, resta à sec sur la plage de *S. Severa*. Une autre longue de 120 pieds, fut trouvée morte sur

un rivage de *Corse* en 1620. Une autre encore dont on conserve les vertebres dans le
vestibule du jardin des Plantes de Pise, périt
en 1713, sur la plage qui est située entre
Piompino et *Populonia*. Le 13 octobre 1734,
au matin, une autre balcine s'ensabla dans
les eaux voisines de la vieille forteresse de
Livourne. Quelques pêcheurs l'ayant vu se
débattre, appellerent leurs camarades à leur
aide, et s'étant réunis, ils la chargerent si
violemment avec des armes blanches et des
armes à feu, qu'enfin ils vinrent à bout de
la tuer, mais non sans beaucoup de peine.
Elle pesoit environ 5000 livres, et étoit longue de cinq coudées et demie. La largeur
de sa bouche étoit de cinq coudées ; la longueur de sa langue de trois, et la grosseur
de sa queue aussi de trois. Ses nageoires
étoient longues d'une coudée. Au lieu de
dents elle avoit une enfilade de certaines
lames corne émoussées à l'extrémité et comme effilées en soies. C'est la marque caracté-
ristique, qui distingue les baleines des autres
cétacées.

Au mois d'août 1754, un poisson monstrueux, fut trouvé mort sur la plage de *Cas-
tagneto*, et presque enseveli dans le sable.

M. le receveur de Malthe, comte de la Gherardesca, m'a fait l'honneur de m'en en-
voyer une vertebre énorme, et un cartilage
pour en orner mon Museum. Un'autre poisson cétacées fut jetté, par une tempête furieuse, sur la plage de l'île de Saint Pierre,
en Sardaigne, le 27 décembre 1762. J'en
ai une description abrégée imprimée, qui
m'a été envoyée par la poste, par une personne inconnue, qui se propose d'en donner
une description plus exacte et plus circonstanciée, pour satisfaire la curiosité des naturalistes. *Cetus Parphyrio dictus*, fut pris
à Constantinople, du temps de Justinien,
suivant le rapport de *Procopio de Bello
Gothico, lib. 3, cap. 29.* Enfin si l'on dé-
sire un détail des autres poissons cétacées qui
ont paru dans la Méditerranée, on peut le
trouver en lisant le supplément que *Giovanni Fabro Linceo* a fait au trésor Mexi-
cain du *Recco, page 568.* En 1666, on prit,
dans les environs de Livourne, une lamie
ou chien de mer, qui pesoit environ 3000 l.
Le grand Duc Ferdinand II, fit transporter
la tête de ce monstre à Florence, et la fit
disséquer par le célebre Niccolo Stenone.

Un autre de la même espece, s'ensabla à l'embouchure de l'Arno, en 1728.

Il paroît encore de temps en temps, sur la plage de la mer Tyrrenienne, des veaux marins, qui s'enfoncent dans la terre. Je ne sçais si l'on ne doit pas rapporter à cette espece d'animaux, le dragon que l'on dit avoir été assommé en 1259, dans le bois de *Migliarino*, par *Nino Orlandi*, de la ville de Pise. Mais on peut le faire à coup sûr, par rapport aux deux poissons dont on a donné une description qui semble si fausse et si défectueuse. F. Francesco Pipino, dans sa chronique, le décrit de la maniere suivante : *Piscis Marinus, in effigie Leonis Pellis pilosa erat, pedes breves, cauda et caput Leoninum, aures et os inter dentes et linguam latebant. Quasi leo referebatur, ita quoque in eis captione planctus horribiles emiserat.* Le second est le monstre lion, pris dans la mer de Civita Vecchia, un peu avant la mort du Pape Paul III. *Rondelezio* en a donné la description page 491 *de Piscibus.* Enfin, en 1766, on prit une tortue monstrueuse, dans la mer de Livourne, comme il est rapporté dans la *Gazzetta Patria,* page 104.

HISTOIRE DE CASCINA.

Le samedi matin 27 octobre, je partis de Livourne pour me rendre à Pise, en prenant la route de terre. Je dinai à Pise, et repris ma route pour aller à *Camugliano*. J'arrivai bientôt à *Cascina*. C'est une place excessivement peuplée. Mais je ne sçaurois dire pourquoi elle porte le nom du fleuve *Cascina*, qui en est très-éloigné. Peut-être ce fleuve passoit-il jadis de ce côté, peut-être aussi, est-ce là ce que Giovio a voulu entendre par ces paroles *ad fornacellas ultra Cascinæ Amnem*. Jusqu'en 750, elle se trouve mentionnée dans un parchemin, sous le nom *d'Ecclesia S. Maria de Cascina;* et dans d'autres des années 801 et 819, elle est appellée *Plebs Baptismalis cum Curte* qui étoit du domaine de l'Evêque de Pise. En 1269, *Florentini cœperunt Cascinam captis multis et interfectis, qui erant in dicto Castro.* Les Florentins la prirent encore en 1328, et la reprirent de nouveau en 1342.

Cette place est de forme quarrée, les rues sont larges et bien alignées. Elle est enceinte de belles murailles ou courtines de briques ; comme on le découvre par les débris qui semblent aussi faire connoître qu'elle peut bien avoir été reconstruite et enceinte de murs au même temps que Ponsacco.

Dans certains journaux de M. Girolamo de Sommaia, j'ai trouvé ce proverbe :

Cascina , Pontadere et le château de Vigue ,
Sont trois places en tout valant moins qu'une figue.

Il est vrai que le *Vico Pisano*, est aujourd'hui très-peu considérable ; mais *Pontadere et Cascina* sont les meilleures terres du territoire de Pise. L'avantage de leur situation, l'étendue de leur commerce, la direction réguliere dés fleuves, l'accroissement et l'amélioration des terres, sont incontestablement les seules causes qui ont pu opérer en moins d'un siécle, une révolution si merveilleuse.

Quand je fus arrivé *aux Fournaises,* je quittai la route de Florence, et pris celle de *Ponsacca.* Après un court trajet au milieu de vignobles, cette route s'élargit, et s'é-

tend en suivant une ligne droite à travers
une vaste plaine de terrein étranger ; c'est-
à-dire, que c'étoit autrefois un marais qui a
été desséché et comblé. A cet endroit elle
prend le nom de *route de Gello*, parce que
la plaine qu'elle traverse s'appelle *Gello*,
à cause d'un château qui y étoit situé, et
près duquel l'armée des Florentins se campa
en 1364. Il semble que ce nom de *Gello*
nous ait été laissé par quelqu'une de ces
nations barbares qui ont conquis la Toscane, et qu'il avoit une signification qui
est maintenant perdue. En effet on trouve
qu'il a été donné à une infinité de lieux en
Toscane.

J'arrivai de nuit à *Ponsacco*, et delà je
passai à *Camugliano*.

VOYAGE DE CAMUGLIANO A PECCIOLI.

HISTOIRE DE PECCIOLI.

MARDI 30 octobre, je partis de *Camugliano*, et pris ma route vers *Peccioli*. Chemin
faisant j'apperçus des lits immenses de craie
et de tufs, et parmi ces derniers, de grands
filons de *Panchina*. Je m'arrêtai trois jours

à *Peccioli*, pour mieux observer la campagne adjacente.

Peccioli est à présent l'endroit le plus considérable qui se trouve sur les collines de Pise. Ce château est situé sur le sommet d'une colline de tuf, qui est fort escarpée et taillée à pic. De la partie supérieure sur laquelle les maisons sont bâties, s'éleve un monceau ou petite colline, semblable à celle du rocher de *Palaia*; et sur la cîme de cette colline, se trouve une tour d'une forme quarrée, construite en briques, et si haute qu'on peut l'appercevoir à une distance très-grande. Vers la partie septentrionale de cette tour, on prétend qu'il y en avoit une autre qui communiquoit avec la premiere, par le moyen d'un pont. Ces deux tours, ainsi jointes l'une à l'autre, ont servi d'origine aux armes de la communauté. L'église qui jouit du titre de prévôté, est très-grande. Elle a été construite au commencement du onziéme siécle, en pierres quarrées et à trois nefs. Les colonnes sont rondes, et les arcs demi-circulaires, mais ils sont très-inégaux. Dans une des encoignures qui regarde la place, il se trouve une figure de marbre que l'on croit être celle de la comtesse

Matilde ; mais je présume que cette figure n'a aucune signification , et que c'est la tête de quelque statue , production des siecles barbares , que l'on aura adaptée au mur en maniere d'ornement ; ou tout au plus que c'est un de ces fruits prématurés de la renaissance de la sculpture , comme on en voit tant dans les églises de *Lupeta*, de *Vico* et de *Palaia*.

La mention la plus ancienne que j'aie pu avoir de *Peccioli*, se trouve dans un contrat passé en 1128 , et publié par Muratori. Elle y est appellée *Pecciore*. Elle se trouve encore mentionnée dans un autre contrat passé en 1152 et rapporté par *l'Ammirato*.

On n'a à *Peccioli* d'autre eau à boire que celle d'une source qui sort au milieu du tuf dont la colline abonde , et qui y descend par un chemin creusé dans le tuf, aux bords duquel on apperçoit , comme dans d'autres excavations semblables qui sont aux environs , de vastes couches de *Panchina*, qui est une pierre composée de sable et de testacées , dont on se sert pour la construction des édifices. Il y a cependant dans les maisons les plus riches, de belles citernes et même quelquefois des puits assez profonds. Dans une petite colline de tuf, qui est située au septentrion du château et sur laquelle est bâti le monastere des Capucins, on trouve une infinité d'amas de pierres sablonneuses, qui sont enfoncées dans le tuf, avec des débris de coquillages semblables à ceux de la plage de *Cavalleggieri* à Livourne.

OBSERVATIONS D'HISTOIRE NATURELLE, RELATIVES AU TERRITOIRE DE PECCIOLI.

MERCREDI 30 octobre, je pris ma route vers les moulins de *Peccioli*, qui sont sur l'*Era*. Je rencontrai le long du chemin, une infinité de débris d'une plante marine du genre de l'*acropore*. A l'endroit où l'on commence à monter vers l'*Era*, le tuf qui couvre la partie supérieure de la colline, discontinue, et de-là jusqu'à l'*Era*, on ne trouve plus dans ces environs que de la craie ou du mattaion. Par un bonheur tout particulier, on avoit raccommodé et rendu praticable depuis quelques jours, la route escarpée, qui sert à monter cette pente rapide. En conséquence on avoit taillé à pic, sur la rive droite, de vastes couches de craie

d'un grain aussi grossier que celui du tuf.
Ces couches dont les surfaces n'avoient
point encore été altérées par la pluie , me
fournirent l'occasion de vérifier les conjectures que j'avois faites sur leur formation , et que j'ai proposées dans ce premier volume. Ces masses étoient horizontales , et composées de petites masses , ou
grosses mottes de différentes formes ; mais
qui généralement s'approchoient de la forme cubique , ou parallelipipede. On pouvoit distinguer parfaitement bien la division , ou le point de contact des mottes ,
qui au centre étoient de la couleur ordinaire et naturelle de la craie , c'est-à-dire ,
d'une couleur cendrée ; mais au bord et à
la circonférence , d'une couleur minime
clair. Ensorte que pour la couleur et pour
la position elles ressemblent exactement aux
masses de la pierre *serene*, que j'ai décrites
dans ce premier volume. Au tour des faces
latérales et perpendiculaires de ces mottes ,
on remarquoit une croute de sélenite, avec
des crystallisations en forme de demi - lentilles droites , avec très-peu de base, ou de
matrice. Comme ces mottes sont entassées
l'une sur l'autre , les cristallisations sont

très-rapprochées l'une de l'autre ; et sont si contigues, qu'elles semblent ne faire qu'une seule lame. J'ai observé un semblable phénomene dans les caves des peres de *S. Francesco de Paola* , près de Florence , dans de certains filons de *tambellone* et de *Coinccio* , entremélés de filons de pierre forte. Les petites masses qui les composent sont incrustées de lames de *spath* , avec des crystallisations pyramidales à trois faces , qui forment une seule planche , que l'on peut diviser en deux lames , dans lesquelles on trouve les pyramides coupées en deux , comme si elles eussent été de pâte. On remarque aussi la même chose dans les lames du *Galestra* , que l'on appelle communément *ligatures*.

En examinant la craie de cette route de *Peccioli*, j'ai remarqué que les plus petites masses qui sont placées obliquement, parce qu'elles sont pressées et forcées par les plus grosses, sont d'une couleur minime clair, non-seulement à l'extérieur , mais même encore à l'intérieur. Ce qui prouve suivant moi , que la teinte minime-clair est étrangere , et provient peut-être du fer et de la sélénite qui les encroute. Ensuite la sélénite ayant resté quelque temps exposée à l'air, se réduit en poussiere blanche et grossiere, semblable à celle du marbre.

Le savant docteur Joseph Baldassari décrit une espece de sélénite, qui, en quelque maniere, ne differe pas beaucoup de celle que l'on trouve dans les craies du *siennois*. Dans une de ses couches, je trouvai une *chama* gualt., tab. 75. M. pleine de matiere sélénitique, ou spatheuse. Dans les excavations contigues à cette route et à la palissade du moulin de *Ripabainca*, je ramassai beaucoup de testacées fossiles, parmi lesquels se trouve de plus remarquable.

Chonca crassa Gualt. tab. 72. G.

Le moulin a pris le nom de *Ripabianca*, d'un vaste précipice dans lequel on apperçoit un lit d'une hauteur démesurée de craie, ou plutôt de *mattaion*. Il est enduit, et pour ainsi dire encrouté d'une matiere blanche, que j'ai prise pour une grande lame de sélénite, semblable à celle que j'ai décrite, et minée par les injures de l'air. Cette matiere est à peu près de la nature du sel de la craie qui a été découvert et décrit par le même M. Baldas sari. Au-dessus de ce grand lit de craie, il s'en trouve un de tuf qui est encore plus grand.

PÉTRIFICATIONS TROUVÉES DANS LES PRÉCIPICES DE TERRICINOLA.

AYANT traversé l'Era, j'arrivai bientôt à la ferme de M. Baldassarini, qui porte le nom de *Luna*. Je m'avançai du côté du midi par les dernieres collines, qui servent de racines à celles de *Terricinola*. A l'encoignure d'un bois, qui s'étend le long de la route jusqu'à la plaine de l'Era, se trouve une partie de tuf, qui est entamée, et dans laquelle je remarquai plusieurs plantes de cette *acropore*, entieres et droites, et étendant de tous côtés leurs branches, ou rameaux. Mais il me fut impossible de les tirer entieres, parce qu'elles se cassoient comme du verre. *Tom. Bartolino* a aussi remarqué dans les environs de *Messine* de pareilles plantes marines entieres, et restées enfermées entre la terre et les pierres : il les a décrites dans son ouvrage intitulé *Epist. Medic. Cent. 1, pag.* 216. M. le docteur

Joseph

Joseph *Bavo* en a trouvé aussi de très-belles en face de Messine, au de-là du Phare.

Je visitai à plusieurs heures différentes une grande partie de ces collines qui appartiennent à la communauté de *Terricivola*, et je trouvai qu'elles étoient composées également de tuf et de craie. Dans ces collines j'observai et je ramassai les pétrifications suivantes.

1. Une pierre *conchiliata*, ou limace très-belle, du poids de huit livres, d'une forme approchant du globe, composée d'une variété infinie de testacées, la plûpart très-petits, univalves et bivalves, amalgamés et liés ensemble par une pâte pierreuse de la nature de la bourbe très-fine. Ce qu'il y a de plus remarquable, c'est qu'il ne se trouve que très-peu d'éclats de testacées, mais ils sont pour ainsi dire presque tous anéantis, et n'ont laissé sur la pierre qu'une marque fort légere ; la surface des formes, ou pour mieux dire des vuides produits par l'anéantissement de ces coquilles, est toute couverte et teinte d'une certaine ocre couleur de citron, semblable à celle des écoulements des marcs. Cette substance qui s'est insinuée

dans la pierre , lorsqu'elle étoit encore tendre , peut bien avoir en quelque sorte miné
et détruit la substance des testacées. Mais,
néanmoins , il devroit toujours se trouver
quelque dépôt ou sédiment dans les vuides
de l'intérieur de la pierre , et c'est ce qui ne
s'y trouve pas.

2. Un autre limaçon , composé aussi de
fange , dans l'intérieur duquel se trouvent
les coquilles de plusieurs especes de testacées , mais presque toutes rompues et
écrasées.

3. Un autre entièrement composé de coquilles , semblables à la *Concha Rhomboï-
dalis Gualt., tab.* 87. *C.*

4. Une pierre dont la substance est de
bourbe , remplie de petits tuyaux vermicu-
laires marins , placés irréguliérement et de
la grosseur de la figure *Z. Gualt. tab.* 10 ;
les vuides sont remplis de la même bourbe ,
mais il ne s'y trouve aucun débris des
Vermicoles, et ils sont entièrement détruits.

5. Une pierre d'une substance de *Mattaion*
grossier, ayant des brisures de testacées , et
dans l'intérieur de laquelle on voit les marques qu'ont laissé de petits testacées bivalves,
avec leur noyau , et une grande marque de

Conca Cordiforme , semblable à la *M. Gualt. tab. 71.* , mais sans aucun *ripieno.*

6. Une pierre de la même substance, mais qui laisse voir dans son intérieur ou ventre, certains noyaux verniculaires, tortueux et très - irréguliers , de la grandeur du N. 4., avec quelque reste des coquilles de l'animal.

7. Une pierre dont la substance est de fange , mais qui est plus dure que les autres, et dans l'intérieur de laquelle on remarque les empreintes d'une espece d'*Acropore* , semblable à celle qui a été représentée par *Mercati* , sous le nom de *Junci Lapidei* ; mais toutefois avec cette différence, que ses branches sont beaucoup plus longues et moins serrées l'une contre l'autre. C'est la même Acropore que celle dont nous avons déjà parlé , et que nous avons décrite. Elle est enfoncée dans le *mattaion* , et la substance s'en est conservée ; mais elle a été étouffée dans cette pierre, et pour ainsi dire emprisonnée dans la pâte , qui depuis s'est pétrifiée et retient toujours l'impression exacte de la plante , dont la substance est anéantie. Delà vient que cette pierre paroît toute couverte de trous , et remplie de petits

tuyaux tortueux , qui communiquent l'un à
l'autre de distance en distance. Dans une de
ces pierres , dont la substance est devenue
semblable à celle de l'*alberese*, on remarque
certaines fossettes très - petites , tortueuses,
avec de petites branches qui semblent avoir
été formées par de petits fils. Je ne saurois
dire si ce sont les vestiges de petits vers
marins , d'une espece beaucoup plus petite
que ceux qui ont été déjà mentionnés , ou
de quelque plante marine du genre des
Corallines ou des Palmes marines. Dans un
endroit de ces pierres , on distingue une
veine de matiere ferrugineuse , et dans cet
endroit, la pierre est infiniment plus dure
qu'en aucun autre.

8. Un morceau de pierre dont la substance
est de *mattaion* grossier , de forme oblon-
gue et tortueuse , traversée en trois endroits
différens , par des trous ou canaux cylin-
driques , gros comme le doigt annulaire.
Ces canaux pourroient bien être les vestiges
de quelque plante marine , restée emprisonnée dans la fange à l'instant de la formation
de la pierre , et ensuite macérée et détruite.

9. Une pierre d'une figure semblable
mais d'une pâte qui répond à celle des pierres

que nous avons décrites dans ce premier volume , et qui sont toutes remplies de fentes
avec des enfoncements et des impressions à
l'extérieur , semblables au n° 8.

10. Une pierre dont la substance ressemble à celle du n°. 8 , ayant deux trous munis
à la surface, d'un bord, qui s'éleve d'une maniere très-bizarre , et dont la cavité oblique va
toujours en se rétrécissant. Ne seroit-ce point
l'empreinte de quelque *litomice* tortueuse et
faite en forme de boëte, dont je possede moi-
même quelques especes dans mon Museum?

11. Plusieurs pierres d'une substance semblable , mais composées de petites masses
écrasées , et dont la superficie est couverte
d'enfoncements de toutes sortes.

12. D'autres pierres oblongues représentant de petites branches d'arbres , et qui se
brisent en rouelles plus ou moins grandes
perpendiculairement à l'axe du cylindre.
J'ai une de ces pierres qui laisse voir le long
de l'axe un canal semblable à celui qu'y
auroit formé un fetus qui y seroit resté emprisonné. J'en possede une autre qui est
longue , étroite et tortueuse , et qui ressemble à une anse de vase antique.

13. Une pierre d'une substance semblable ,

Cc iij

mais écrasée. Elle est couverte d'une grosse croute ; et à l'intérieur, elle est graneleuse et remplie de fentes comme le *panis diabolicus* du *Cesalpin*. Mais les bords et les côtes des sections sont obtus et émoussés.

14. Une autre pierre d'une forme plus ronde, mais couverte de tumeurs à la surface et à l'intérieur, graneleuse et remplie de fentes, comme si elle eût fermenté. Les côtés des sections internes sont minces et tranchants , et on y distingue certaines feuilles légeres de matiere crystalline ou de tarse impure et maigre , et couverte de petites taches. Cette sorte de pierre a beaucoup de rapport avec le *silex aculeatus* de *Mercati* , qui se trouve dans la partie supérieure du *Valdarno*. Mais le suc crystallin s'est trouvé en trop petite quantité dans celles du précipice de *Regno*, de maniere qu'il n'a pas pu s'y former une belle incrustation crystalline.

15. Une autre pierre d'une conformation semblable , mais plus graneleuse intérieurement. Elle ressemble à certaines pierres, qui dans les fours à chaux se fendent par la violence du feu, sans néanmoins pouvoir se calciner. Je n'ai pu découvrir dans ces

sections aucune trace de matiere crystalline. Ce qui semble prouver que le crystal n'a contribué en rien à la formation de cette espece bizarre de pierres , et que si par hasard il s'y est trouvé dans la pâte de la pierre une petite portion de liquide crystallin, il s'y est amassé dans les cavités restées intérieurement et les a encroutées. Car il est certain que les lames crystallines se détachent promptement des parois pierreux , et ne peuvent point y rester incorporées comme dans les matrices de cristal.

16. Un grouppe ou amas de *spugnone* , ou de tartre feuillu de couleur cendrée comme le *mattaion*. Il forme diverses tumeurs et cellules comme l'écorce du fer, et renferme intérieurement des fétus. Je ne suis point sûr que ce spugnone ait été formé avec les autres pierres que je viens de décrire , ou qu'il soit formé du tartre de quelque source , qui passe à travers les lits de craie ; mais j'en ai trouvé une grande quantité mêlée avec ces pierres dans le canal du torrent.

17. Quelques amas de matiere de tuf avec un grand mélange de matiere ferrugineuse.

18. D'autres amas plus écrasés de couleur

blanchâtre , et composés d'une matiere qui tient beaucoup de la nature de l'albâtre.

19. Des noyaux pierreux de diverses especes de testacées bivalves, composés poúr la plûpart de matiere de *mattaion* , formée originairement de farge. On n'y trouve aucun vestige de la coquille du testacée. Quelquesuns répondent aux figures représentées par Langio, *Hist. Lapidum figuratarum Helvetiæ*, tab. 38, nº. 1 , tab. 39, nº. 5, tab. 43, nº. 5.

Il se trouve encore dans ce torrent et dans d'autres qui viennent s'y jetter, une infinité d'autres productions du même genre et non moins merveilleuses ; mais me trouvant déja surchargé , ainsi que l'homme que j'avois amené , il me fallut, malgré moi, en laisser beaucoup d'autres qui me faisoient envie.

Je revins ensuite sur mes pas et ayant traversé le fleuve *Sterza* à l'endroit où il se réunit avec l'*Era* , je m'acheminai vers *Laiatico*. J'entrai dans une colline appellée le *Poggione*, qui se termine en pointe. C'est la derniere division de la colline de Volterre , qui sépare le courant de l'*Era* de celui du *Sterza*. Je passai le *Poggione* en traversant des campagnes de tuf , dans lesquelles je remarquai un grand nombre de poiriers sauvages. Leurs feuilles sont épaisses , longues et étroites comme celles des amandiers , vertes et luisantes en-dessus et blanches en dessous ; leurs branches sont armées de pointes , et leur écorce est remplie d'inégalités. Ces arbres sont de deux especes : l'une porte des fruits , qui ressemblent , pour la forme , aux poires poppines ; les fruits de l'autre sont semblables aux poires sémentines. Mais ces deux sortes de fruits sont petits et très-pierreux. Ils ont un goût de corme ; la peau est d'une couleur foncée , épaisse et galleuse ; et la graine en est très-grosse. Les pourceaux en sont très-avides. J'ai remarqué ici , ainsi que dans tout le reste de mon voyage , que ces poiriers sauvages réussissent parfaitement bien dans les terreins maigres , non-seulement ceux qui sont composés de *tuf* , mais encore ceux qui sont composés de *mattaion*. Il semble donc que si ces endroits étoient peuplés , on pourroit aisément faire multiplier ces arbres pour employer leurs feuilles et leurs fruits à la pâture des bestiaux , leurs fruits à engraisser les terres , qui sont naturellement très-maigres, et le bois pour brûler, ou pour d'autres usages quelconques.

Après quelques détours , j'arrivai à une cime plus élevée et composée de craie. Il s'y trouve une quantité étonnante de *sélénite* détachée en gros morceaux, avec beaucoup de testacées. En continuant toujours, j'atteignis une colline , qui est située au-dessus de la *Sterza* , en face de *Laiatico*. Cette colline est composée de tuf dans la partie supérieure , et de craie dans la partie inférieure. J'apperçus dans le tuf, une variété incroyable de testacées si curieux, que , malgré que je fusse déja surchargé , je ne pus résister à l'envie de ramasser encore les suivants.

Terebratula semblable à la figure 3 , planche 48 , *Hist. lapid*. figur. helv. de Langio ; mais beaucoup plus grande , remplie de sable très-menu , couverte de débris de testacées et pétrifiée.

Turbo Gualt. planche 58 , figure C.

Remplissages pierreux des mêmes *turbins*, qui répondent à la figure *turbinita lævis lang*. tab. 32 , avec les restes de la coquille.

Cochlea Gualt. tab. 67 B. et AE, avec le remplissage pierreux.

Bulani Campanulati, qui ont conservé leur couleur rouge.

Différens autres testacées et remplissages pierreux de testacées avec des plantes marines pierreuses , et du sable composé presque entierement de testacées variés à l'infini, et si petits que l'œil peut à peine les appercevoir, et qu'on ne peut s'en former aucune idée sans en voir la figure. J'ai donc cru plus à propos d'en réserver la description pour le catalogue que je me propose de faire des coquillages de mon Museum.

Il y a aussi de grosses masses de *panchina* on *lumachella,* composée presque entierement de coquilles. Et il s'y trouve aussi de grosses masses de ces pierres que j'ai décrites plus haut, en parlant du torrent de *Regno;* je veux dire de ces pierres qui ont fermenté intérieurement et qui s'en vont par éclats.

RÉFLEXIONS SUR LE COURS DE L'ERA ET SUR CELUI DE LA STERZA.

DANS ma tournée de ce jour, j'examinai une grande partie du cours de la *Sterza* et de l'*Era*. La *Sterza* prend sa source dans les montagnes de la *Catellina*, marquisat de MM. *Medici*; l'*Era* prend la sienne derrière *Voltera* dans les montagnes de *Colle*. Les plaines au travers desquelles ces deux fleuves se frayent un chemin avant de se réunir à la Luna, ne sont pas vastes; mais elles seroient néanmoins très-fertiles et très-belles, si ces deux fleuves n'y causoient les plus grands ravages, sur-tout la *Sterza* qui, en changeant continuellement de lit et en formant des détours bizarres et multipliés, occupe toute la plaine qu'elle parcourt et n'en laisse aucune partie propre à recevoir de la semence. Si l'on pouvoit parvenir à régler le cours de ces eaux, et à les renfermer dans des canaux ou des lits déterminés, on gagneroit une quantité incroyable de terrein. Mais c'est un projet dont l'exécution est presque impossible, parce que les digues que l'on formeroit avec cette terre , ne seroient pas capables de résister , et ces fleuves ont quelquefois des débordemments si soudains et si furieux , qu'ils détruiroient trop souvent ces levées et inonderoient la campagne. L'*Era* qui recueille les eaux qui se trouvent sur une très-vaste étendue de terrein rempli de craie , contient une plus grande quantité de bourbe épaisse, qui rend son cours impétueux ; et en changeant continuellement de lit , ce fleuve occupe la plaine qu'il parcourt , de maniere à la rendre presque entierement inutile : il en résulte encore un autre inconvénient. Quand les eaux du débordement se sont retirées , il reste toujours sur le vaste terrein qu'elles occupoient , des mares , qui ne sont pas considérables , mais qui sont en grand nombre , et dont les eaux fangeuses exhalent des vapeurs mal-saines , qui rendent l'air dangereux.

Mais quelque ravage qu'il fasse dans la plaine du territoire de Volterra , il en fait encore bien davantage dans la campagne de Pise , depuis l'endroit où il reçoit les eaux de la *Sterza* , jusqu'à celui où il se jette dans l'*Arno*. La raison en est que la

masse de ses eaux étant considérablement
accrue, et trouvant moins de pente qu'auparavant, elle se répand au large; d'autant
qu'elle rencontre souvent une résistance considérable à l'embouchure de l'Arno. D'ailleurs la campagne de Pise est bien supérieure et cultivée à bien plus grands frais;
au lieu que celle du territoire de *Volterra*
est absolument inculte. Un historien de
Pise, en raportant les inondations presque
universelles arrivées en 1333, remarque que
l'*Era* avoit détruit et emporté tous les moulins de *Peccioli*.

Fin du tome premier.

www.ingramcontent.com/pod-product-compliance
Lightning Source LLC
LaVergne TN
LVHW011224170726
843501LV00002B/363